Bibliografische Information der Deutschen Nationalbibliothek:

Die Deutsche Bibliothek verzeichnet diese Publikation in der Deutschen Nationalbibliografie; detaillierte bibliografische Daten sind im Internet über http://dnb.d-nb.de/ abrufbar.

Impressum:

Druck und Bindung: Books on Demand GmbH, Norderstedt Germany
ISBN: 978-3-668-10718-2

Dieses Buch bei GRIN:

http://www.grin.com/de/e-book/173641/untersuchung-zum-rauchverhalten-bei-jugendlichen

Anita Schrems

Untersuchung zum Rauchverhalten bei Jugendlichen

GRIN Verlag

Gymnasium: Goethe Gymnasium Regensburg Kollegstufenjahrgang 2006/07

FACHARBEIT

aus dem Fach

Biologie

Thema: **Untersuchung zum Rauchverhalten von Jugendlichen**

Verfasser: Anita Schrems

Leistungskurs: Biologie (3B2)

Abgabetermin: 26.01.2007

Erzielte Note: ____________________ in Worten____________________

Erzielte Punkte: ____________________ in Worten ____________________

(einfache Wertung)

____

Unterschrift des Kursleiters

Inhaltsverzeichnis

1. Einleitung

1.1 Einführung der rauchfreien Schule

Es sterben derzeit jedes Jahr ca. 117 000 Personen in Deutschland vor dem 65. Lebensjahr an Krankheiten, die auf den Tabakkonsum zurückgeführt werden können. Da das Nikotineinstiegsalter der Deutschen bereits bei 13,5 Jahren liegt, ist eine Nichtraucherförderung gerade bei den Jugendlichen notwendig. In vielen Bundesländern wird seit Monaten über rauchfreie Schulen diskutiert. Berlin, Hessen, Rheinland Pfalz, Brandenburg, Hamburg, das Saarland, Schleswig-Holstein, Nordrhein-Westfalen, Bayern und Bremen haben bereits das Nichtrauchen an Schulen per Gesetz geregelt oder planen derzeit ein Verbot. Im Herbst 2005 wurde dem Vorschlag vom Bayerischen Kabinett von November 2004 für ein Rauchverbot an allen öffentlichen Schulen in Bayern zugestimmt und seit Beginn des Schuljahres 2006/2007 ist diese gesetzliche Regelung wirksam. Ziel dieses Verbots ist eine allgemeine Suchtprävention bei den Jugendlichen, da die Schüler so erkennen sollen, dass Rauchen vom Staat nicht gebilligt wird, sowie, dass es nicht automatisch zum Erwachsenenleben dazugehört. Vor allem die Lehrkräfte könnten an der Verwirklichung dieses Ziels mitwirken, indem sie ebenfalls auf das Rauchen verzichten (vgl. Gesetzentwurf der Staatsregierung, siehe 5.2). Allerdings wird beispielsweise in Hessen, wo bereits seit Januar 2005 das Rauchverbot gilt, kritisiert, dass die „Qualmerei vielerorts bloß verlagert" (Schaible I.) wurde. So bemängelt auch die Vorsitzende des Landeselternbeirates in Hessen, Sybille Goldacker, dass die Raucherecke vorher innerhalb des Zaunes gewesen wäre und jetzt außerhalb sei (vgl. Schaible I., siehe 5.2).

1.2 Fragestellung und Ziele der Arbeit

Inwieweit eine solche Maßnahme wie die rauchfreie Schule die Jugendlichen in ihrem Verhältnis zum Tabakkonsum beeinflusst, ist unter anderem ein Forschungsziel dieser Facharbeit, welche das Rauchverhalten von Jugendlichen untersucht. Es wurden Jugendliche bestimmter Altersgruppen zu verschiedenen Themenbereichen, die das Rauchverhalten betreffen, mit Hilfe eines Umfragebogens befragt. Als Untersuchungsmethode eignet sich diese Form der Befragung besonders, da man beispielsweise im Vergleich zu Interviews mehr Personen in der gleichen Zeit befragen kann und dadurch ein aussagekräftiges Ergebnis erhält. Umfragen wurden an einer Hauptschule, einer Realschule und an einem Gymnasium in Regensburg durchgeführt. Von der St. Wolfgangschule wurden 65 Schüler ausgewählt, in der St. Marien Realschule, einer Mädchenrealschule, nahmen 57 Schülerinnen teil und am Goethe Gymnasium waren es 65 Schüler aus den 9. Klassen und 50 Schüler aus der 12. Klasse. In den jeweiligen Schulen wurde die 9. Jahrgangsstufe, also 14 bis 17-Jährige, befragt, da diese Altersgruppe bei den jungen Rauchern stark vertreten ist. So hat die Weltgesundheitsorganisation (WHO) herausgefunden, dass 10 % der 13-jährigen und 27 % der 15-jährigen in Deutschland täglich rauchen (vgl. Rauchfrei-Studie, siehe 5.2). Am Gymnasium wurde zusätzlich die K 12 befragt, um das Rauchverhalten der Schülerinnen und Schüler von Mittelstufe und Oberstufe miteinander vergleichen zu können.

2. Durchführung der Untersuchung

2.1 Erstellung des Fragebogens

Ein erster Fragebogen und die mit ihm durchgeführte Umfrage in der K 12 können eher als ein Vortest angesehen werden. Während der Auswertung stellte man Schwächen fest und entschloss sich, einen neuen Fragenkatalog zu erstellen. Problematisch war beispielsweise, dass die Einleitung und auch die Zeile, die nach Alter und Geschlecht fragt, sehr unauffällig gestaltet waren und somit manche Probanden vergessen haben, diese Angaben zu machen. Bei der neuen und schließlich endgültigen Fassung des Umfragebogens sind wichtige Stellen, u. a. auch die Einleitung und die Zeile mit Geschlecht und Alter, besonders hervorgehoben. Außerdem kam es bei einigen Schülern zu Verwirrung, welche Fragen nur für Raucher gedacht sind, und welche alle betreffen. Es bedurfte also einer besseren Gliederung. Einige Fragen verursachten beim Auswerten Schwierigkeiten, da sie zu offen gestellt sind - so zum Beispiel bei der Nr. 2a, wo die Teilnehmer unter „Sonstiges“ einen beliebigen Grund für das Rauchen nennen durften (siehe Anhang A). Die Antworten waren sehr verschieden und konnten schlecht zusammengefasst werden. Deshalb beinhaltet der neue Fragebogen hauptsächlich „geschlossene“ Fragen, also Fragen, bei denen die Probanden aus vorgegebenen Antworten auswählen sollen. Weiterhin wurde die Beantwortung erleichtert, indem manche Antwortskalen verbreitert wurden. Beispielsweise konnte man im ersten Fragebogen bei Frage Nr. 12 nur antworten, ob eine bestimmte Methode beim Beenden des Zigarettenkonsums helfen würde (siehe Anhang A). Im endgültigen Umfragebogen dagegen können die Probanden mit einer Abstufung von „große Hilfe“ bis „kleine Hilfe“ angeben, welche Methode ihnen hilfreich wäre und welche eher nicht (siehe Anhang B, Frage Nr. 20). Manche Fragen sind schließlich ganz weggelassen worden, weil sie zu keinen informativen Ergebnissen führten, dafür kamen weitere interessante Fragen hinzu.

2.2 Einteilung der Fragen in acht Untersuchungsbereiche

Die Fragen des endgültigen Umfragebogens lassen sich acht Bereichen bzw. Gliederungspunkten zuordnen. Mit den Fragen Nr. 1, 2 und 10 wird der erste Bereich „Raucherquote der befragten Schüler, ehemalige Raucher und Einstiegsalter für den Tabakkonsum“ abgeprüft. Es ist herauszufinden, wie viele der Probanden derzeit rauchen, früher geraucht haben und in welchem Alter die erste Zigarette ausprobiert wurde. Den nächsten Gliederungspunkt „Gründe für den Tabakkonsum“ untersucht die Frage Nr. 14. Dafür sollen die Probanden eine persönliche Gewichtung zu Hauptgründen des Rauchens abgeben. Der dritte Bereich beschäftigt sich mit dem „Umfeld der Raucher“. Hier wird untersucht zu welchen Rahmenbedingungen die Schüler am liebsten rauchen (Frage Nr. 15 und 16). Die „Soziale Akzeptanz der Raucher“ ist mit den Fragen Nr. 9, teilweise 18, 23 und 24 zu analysieren. Festzustellen ist, wie sich Tabakkonsumenten gegenüber Nichtrauchern verhalten und ob sie sich selbst als Belästigung bzw. Problem ansehen. Für den fünften Bereich „Bereitschaft mit Rauchen aufzuhören“ ermittelt die Umfrage wie viele Teilnehmer bereits versucht haben aufzuhören (Frage Nr. 17), die Gründe für (Nr. 18) und gegen eine Entwöhnung (Nr. 19) und was den jungen Rauchern beim Aufhören helfen würde (Nr. 20). Die Begründung des Rauchens mit „Aufhören klappt bei mir nicht (Frage Nr. 14), der Tabakkonsum pro Woche (Frage Nr. 11), die Dauer des Zigarettenkonsums in Jahren (Frage Nr. 12), die Zeitspanne, in der Raucher fähig sind auf Zigaretten zu verzichten (Frage Nr. 13) und die Art der Finanzierung der Zigaretten (Frage Nr. 25) zeigen die „Abhängigkeit der Jugendlichen von Zigaretten“ auf. Die „Einstellung zur Gesundheitsschädlichkeit des Rauchens“ wird überprüft, indem gefragt wird, ob erste gesundheitliche Beschwerden ein ausreichender Grund zum Aufhören wären (Frage Nr. 18), welche Folgen des Zigarettenkonsums die Raucher bei sich selbst feststellen können (Frage Nr. 22) und ob beim Kauf von Zigaretten auf einen verminderten Tabakgehalt geachtet wird (Frage Nr. 21). Mit dem letzten Bereich „Suchtprävention und ihre Maßnahmen“ ermittelt man einerseits die wirksamste

Abschreckungsmethode (Frage Nr. 8), die Befürwortung des Rauchverbots an Schulen (Nr. 3) und in der Gastronomie (Nr. 4) und die Veränderung des Ausgehverhaltens bei einem Rauchverbot (Nr. 5). Andererseits untersucht man den von den Probanden selbst eingeschätzten Wissensstand über die Nikotinsucht und mögliche gesundheitliche Folgen des Zigarettenkonsums (Nr. 7), um beurteilen zu können, ob die Schüler ausreichend über Rauchen aufgeklärt wurden. Ferner wird versucht herauszufinden, inwieweit die Eltern eine Vorbildfunktion bezüglich des Tabakkonsums gegenüber ihrem Kind einnehmen (Nr. 6 und 26).

2.3 Vorgehensweise bei Auswertung und Darstellung der Ergebnisse

Nicht bei allen Fragen werden sämtliche Auswertungsmöglichkeiten ausgeschöpft, d. h. es wird nicht überall getrennt nach Klasse, Geschlecht oder Raucher bzw. Nichtraucher ausgewertet. Einige Fragen werden nur insgesamt betrachtet, da sie von den Befragungsgruppen sehr ähnlich beantwortet wurden, und ein Vergleich zwischen den Klassen somit uninteressant wäre. Bei anderen Fragen wie beispielsweise Nr. 3 oder Nr. 6 wird zusätzlich der Anteil der Raucher bzw. Nichtraucher ermittelt (siehe Anhang B). Insgesamt entscheidet die Homogenität der Antworten zu einer Frage, ob nach Probandengruppen getrennt ausgewertet wird. Die Darstellung der Ergebnisse erfolgte zunächst nur mittels Tabellen eines Tabellenkalkulationsprogramms (siehe Anhang C), die anschließend für bessere Interpretierbarkeit in adäquate Diagramme übersetzt wurden.

3. Ergebnisse und Interpretation

Für die in 2.2 genannten acht Bereiche werden in diesem Abschnitt die jeweiligen Ergebnisse in Form von Diagrammen dargestellt, zusammengefasst und diese soweit möglich interpretiert.

3.1 Raucherquote der befragten Schüler, ehemalige Raucher und Einstiegsalter für den Tabakkonsum

Mit 41,5 % sind die 9. Klassen der Hauptschule die Befragungsgruppe mit der stärksten Raucherquote. In der Mitte liegt der Anteil der Raucher der 9. Klasse Realschule mit

28,1 %. Dagegen haben die 9. Jahrgangsstufe des Gymnasiums mit 15,4 % und die K 12 mit 20 % die wenigsten Tabakkonsumenten (siehe Diagramm 1). Dieser Unterschied zwischen den Schulen lässt vermuten, dass mit zunehmendem Bildungsniveau der Befragten, die Quote der Raucher abnimmt.

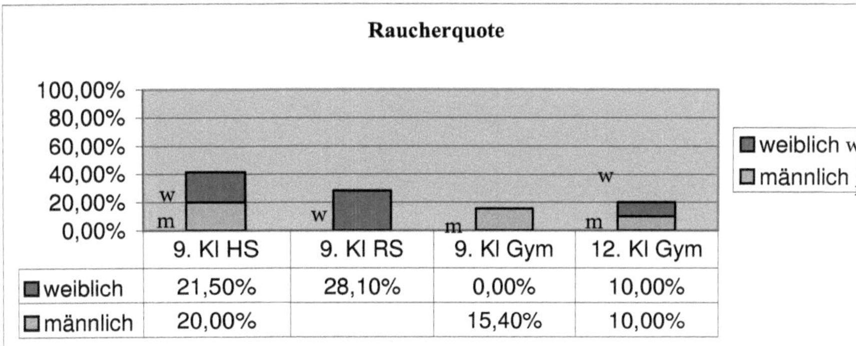

Diagramm 1: Ergebnis der Frage Nr. 1 des Umfragebogens: „Bist Du derzeit Raucher?"

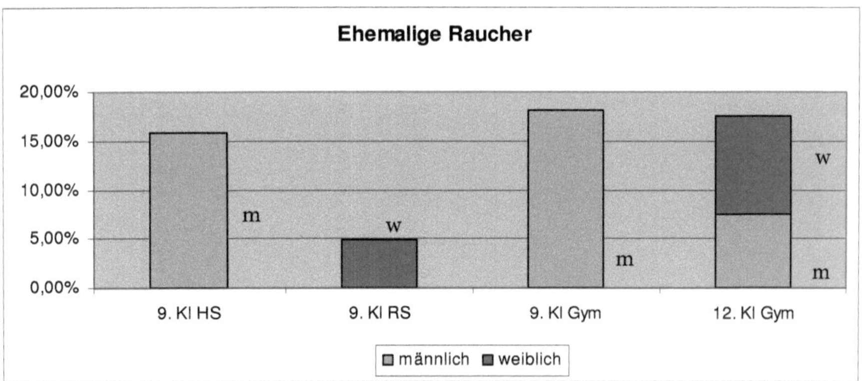

Diagramm 2: Ergebnis der Frage Nr. 10 des Umfragebogens: „Du bist jetzt Nichtraucher und warst aber früher einmal Raucher?“

Vergleicht man die Quote der männlichen und weiblichen ehemaligen Raucher, so ist erstaunlich, dass in den 9. Klassen Hauptschule und Gymnasium keine weiblichen Probanden früher geraucht haben. Auch ist der Anteil der ehemaligen Raucherinnen in der Mädchenrealschule mit 4,9 % deutlich geringer als bei den vorgenannten Klassen. Hingegen ist über die Hälfte der früheren Raucher in der K 12 weiblich. Anhand von diesem Ergebnis könnte man folgern, dass Mädchen in der Regel erst später mit dem Rauchen beginnen.

Das Alter bei der ersten Zigarette ist zwischen den 9. Klassen und der 12. Jahrgangsstufe unterschiedlich (siehe Diagramm 3). So gibt die Mehrheit der Probanden aus der K 12, die schon mindestens einmal eine Zigarette ausprobiert haben, an, dass sie ihre erste Zigarette etwa mit 14 Jahren ausprobiert haben. In den 9. Klassen gibt es dagegen einige Probanden, die bereits unter 10 Jahren das erste Mal rauchten. Die Schüler der 9. Klasse beginnen also derzeit viel früher zu Rauchen als vor etwa 3 Jahren. Diese Verschiebung könnte aber auch darauf beruhen, dass bei den Probanden aus der Kollegstufe verfälschende Erinnerungseffekte auftreten und/oder die Schüler der 9. Klasse damit prahlen möchten, dass sie bereits sehr früh eine Zigarette getestet haben. Im Mittel geben die Befragten an, im Alter zwischen 12 und 14 Jahren das erste Mal eine Zigarette versucht zu haben. Bei einer bundesweiten Befragung der Bundeszentrale für gesundheitliche Aufklärung (BZgA) unter dem Titel „Förderung des Nichtrauchens", die in den Jahren 2003 und 2005 durchgeführt wurde, kam man beim Einstiegsalter mit durchschnittlich 12,9 Jahren auf ein ähnliches Ergebnis (vgl. BZgA, Förderung des Nichtrauchens, S.17, siehe 5.2).

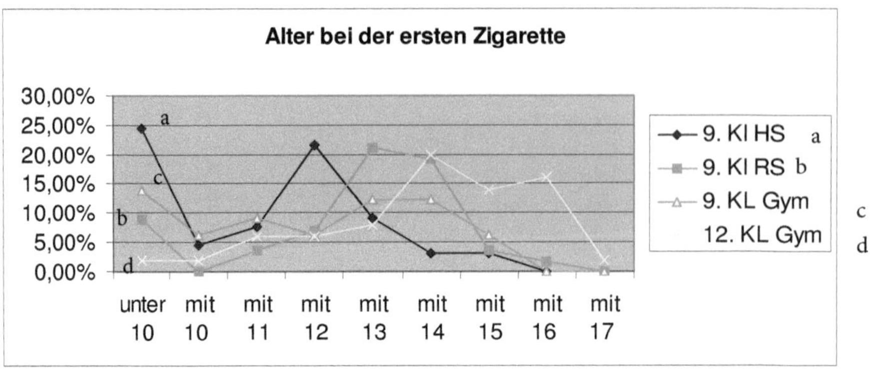

Diagramm 3: Ergebnis zu der Frage Nr. 2 des Umfragebogens: "In welchem Alter hast Du zum ersten Mal eine Zigarette ausprobiert?"

3.2 Gründe für den Tabakkonsum

So wie in den Repräsentativerhebungen der BZgA die beruhigende Wirkung der Zigaretten die häufigste Begründung ist (vgl. BZgA, Förderung des Nichtrauchens, S.46, siehe 5.2), geben auch bei dieser Umfrage 87,3 % der Probanden an zu rauchen, weil sie es entspannend finden (siehe Diagramm 4.1).

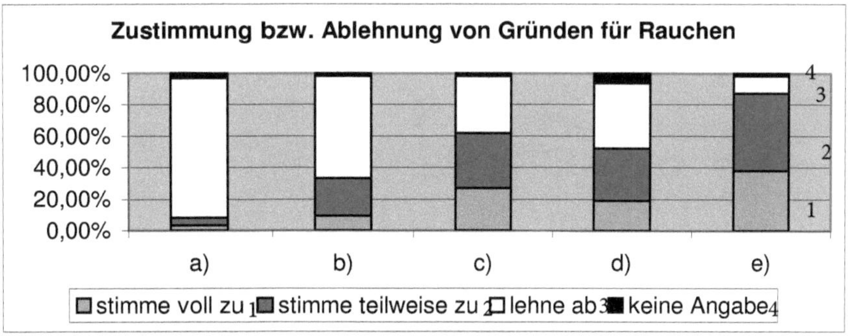

Diagramm 4.1: Ergebnis zu der Frage Nr. 14 des Umfragebogens: "Inwieweit stimmst Du folgenden Gründen für das Rauchen zu oder lehnst sie ab?"

a) Ich fühl mich dadurch erwachsener
b) Weil es mein ganzer Freundeskreis tut
c) Es macht mir Spaß
d) Aufhören klappt bei mir nicht
e) Ich rauche, weil ich es entspannend finde

Dieses Ergebnis lässt sich damit erklären, dass nach längerer Zeit ohne Nikotin bei Rauchern als Entzugserscheinung Nervosität entsteht. Viele Tabakkonsumenten haben den Eindruck, dass sie den Zustand der Ruhe und des Entspannenkönnens ausschließlich durch Weiterrauchen erreichen würden. Die wenigsten begründen die Raucherei damit, dass sie sich dadurch erwachsener fühlen. Nur Raucher an der Hauptschule (14,8 %) und in der 9. Klasse Gymnasium (10 %) geben diesen Grund als Motivation für den Tabakkonsum an (siehe Diagramm 4.2). Bei den Schülern, die bereits erwachsen sind oder es in spätestens einem Jahr sein werden, greift dieser Grund vermutlich nicht mehr, da diese normalerweise bereits wie Erwachsene behandelt werden. Es sind insgesamt betrachtet hauptsächlich individuelle Ursachen, die Schüler zum Rauchen animieren und nicht - wie man vielleicht erwartet hätte - Gründe des Gruppenzwangs. So stimmen bei der Frage nach den Gründen für den Tabakkonsum nur 33,3 % dem Grund „Weil es mein ganzer Freundeskreis tut" zu (siehe Diagramm 4.1).

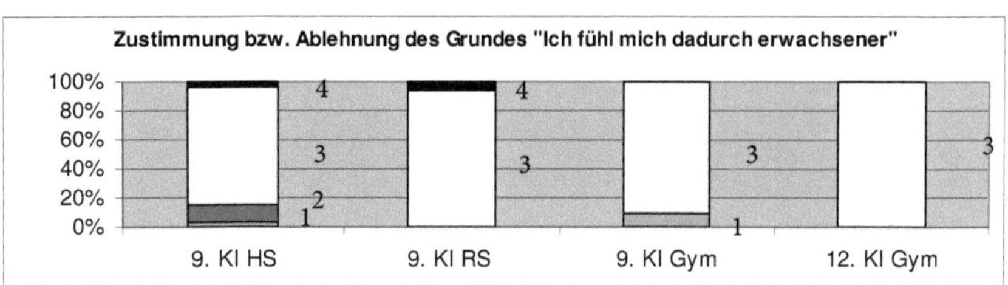

Diagramm 4.2: Teilergebnis der Frage Nr. 14 des Umfragebogens (Legende vgl. Diagramm 4.1)

3.3 Das Umfeld der Raucher

Mit 60,3 % ist das Weggehen am Abend in Kneipen oder Discos das beliebteste Umfeld zu rauchen (siehe Diagramm 5.1). Weiterhin geben 42,9 % an, dass sie am liebsten in Gemeinschaft mit anderen Rauchern Tabak konsumieren (siehe Diagramm 6).

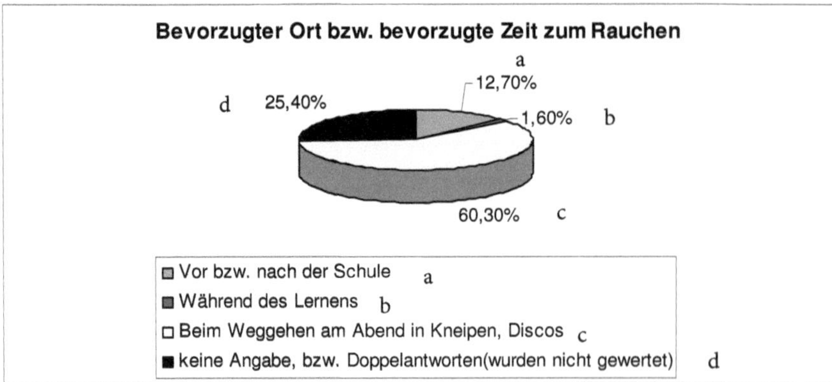

Diagramm 5.1: Ergebnis der Frage Nr. 15 des Umfragebogens: „Wo bzw. wann rauchst Du am häufigsten?“

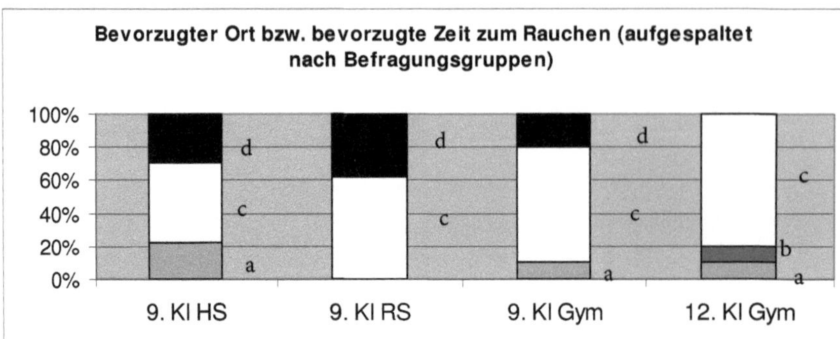

Diagramm 5.2: Teilergebnis der Frage Nr. 15 des Umfragebogens (Legende vgl. Diagramm 5.1)

Bei den Schülern ist der Tabakkonsum also vor allem eine Handlung, die vorzugsweise im öffentlichen Leben vollzogen wird. Gerne wird bei festen Ritualen wie beispielsweise beim Weggehen am Abend gemeinsam mit Freunden geraucht. Das zweitbeliebteste Umfeld ist vor bzw. nach der Schule (12,7 %). Ausschließlich Probanden der K 12 rauchen auch während des Lernens (siehe Diagramm 5.2). Es ist zu vermuten, dass nur diesen erlaubt ist daheim zu rauchen. Dagegen ist es den Jüngeren nur möglich, wenn sie unbeaufsichtigt, also beispielsweise unterwegs zur Schule, sind.

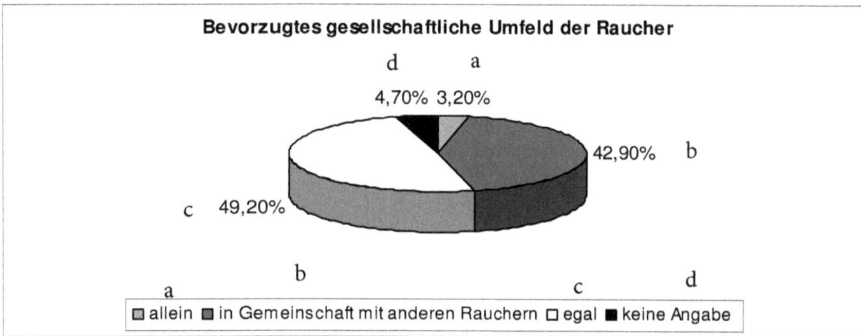

Diagramm 6: Ergebnis der Frage Nr. 16 des Umfragebogens: „Welches gesellschaftliche Umfeld bevorzugst Du beim Rauchen?"

3.4 Soziale Akzeptanz der Raucher

Seit Mitte des 20. Jahrhunderts ist bekannt, dass Zigaretten gesundheitsschädlich sind, und dass mit regelmäßigem Einatmen von Tabakrauch ein größerer Risikofaktor für einen Schlaganfall oder für das Erkranken an Krebs besteht (vgl. Wikipedia, siehe 5.2). Diese Tatsachen sind den Umfrageteilnehmern vermutlich bekannt, da fast alle (96,2 %) der Behauptung „Raucher gefährden mit ihrem Qualm die Nichtraucher" (siehe Diagramm 7.1) zustimmen. Die meisten Schüler (86,5 %) sind weiterhin der Ansicht, dass sie sich vom Rauchqualm in Restaurants belästigt fühlen (siehe Diagramm 7.2).

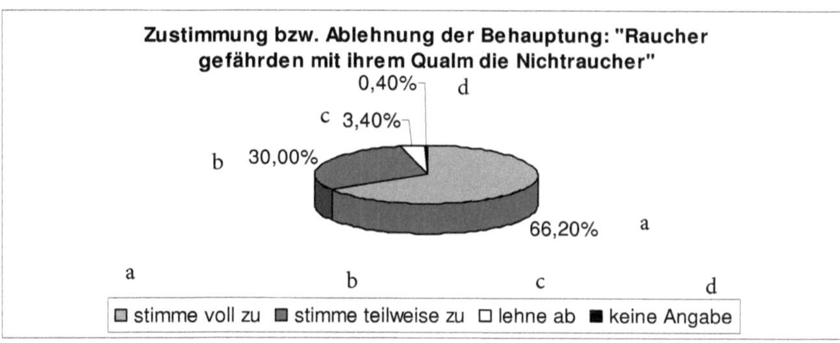

Diagramm 7.1: Teil 1 des Ergebnisses der Frage Nr. 9 des Umfragebogens: „Inwieweit stimmst Du folgenden Thesen zu oder lehnst sie ab?"

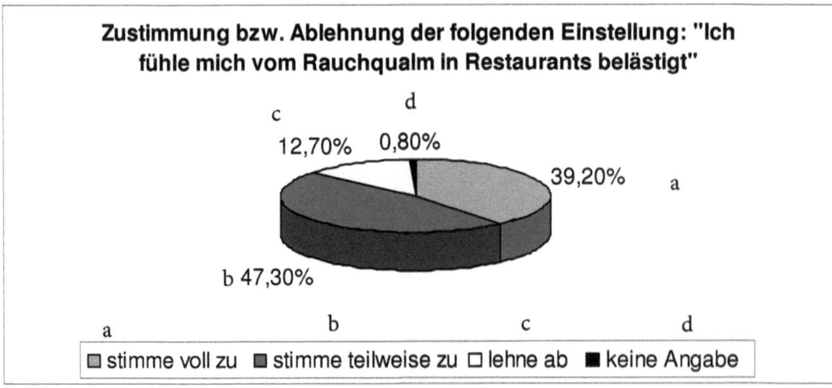

Diagramm 7.2: Teil 2 des Ergebnisses der Frage Nr. 9 des Umfragebogens: „Inwieweit stimmst Du folgenden Thesen zu oder lehnst sie ab?“

Anhand dieser Ergebnisse lässt sich erkennen, dass das Rauchen heute nicht mehr so akzeptiert wird wie früher. Bevor man die Folgen des Tabakkonsums im Detail kannte, wurde das Rauchen in Restaurants noch weitestgehend geduldet. Auch von den Tabakkonsumenten selbst wird registriert, dass die Toleranz gegenüber Rauchern sinkt. So nehmen diese mit wenigen Ausnahmen (14,3 %) in Restaurants Rücksicht bezüglich Nichtrauchern (siehe Diagramm 8) und manchen ist die Raucherei sogar unangenehm geworden. 30,2 % geben nämlich an, dass es Situationen in Gegenwart von Nichtrauchern gibt, in denen ihnen das Rauchen peinlich ist (siehe Diagramm 9).

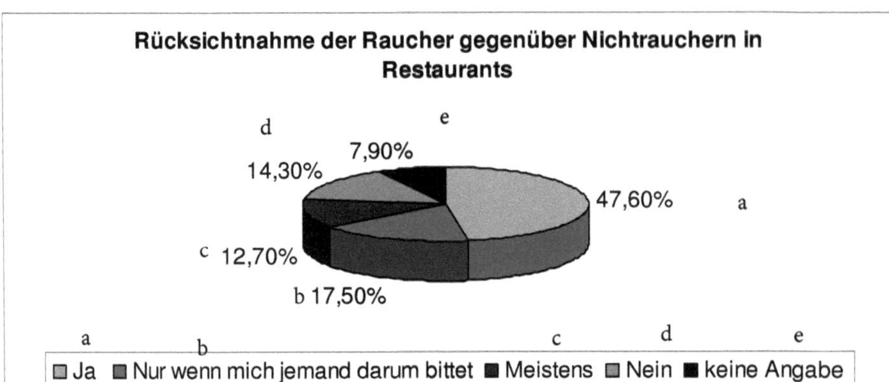

Diagramm 8: Ergebnis der Frage Nr. 23 des Umfragebogens: „Nimmst Du in Restaurants als Raucher Rücksicht auf Nichtraucher?“

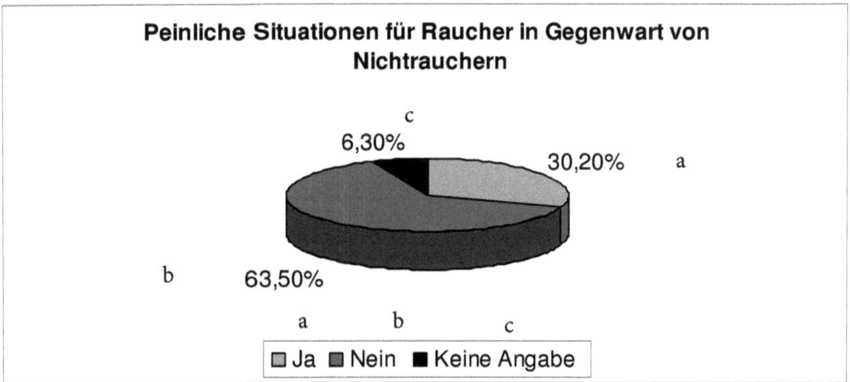

Diagramm 9: Ergebnis der Frage Nr. 24 des Umfragebogens: „Gibt es Situationen in Gegenwart von Nichtrauchern, in denen Dir das Rauchen peinlich ist?"

Zudem ist das geringere Ansehen in der Gesellschaft bei der vorliegenden Untersuchung für 34,9 % der Tabakkonsumenten die überzeugendste Motivation mit dem Rauchen aufzuhören (siehe 4.5, Diagramm 11). Analog zu diesen Erkenntnissen zeigt die Untersuchung der BZgA ebenfalls auf, dass die soziale Akzeptanz der Raucher heute gering ist. So sind 40 % der 12 bis 19-jährigen Raucher der Meinung, dass mehr als die Hälfte ihrer Mitschüler oder Kollegen pro Nichtrauchen eingestellt ist (vgl. BZgA, Förderung des Nichtrauchens, S. 45, siehe 5.2). Aus einem Bericht der Zeitung „Der Neue Tag" geht weiterhin hervor, dass man auf Grundlage einer Befragung der BZgA erkennt, dass Rauchen „aus der Mode" kommt. Die niedrige Zahl (26 %) der derzeitigen ständigen und gelegentlichen Raucher lässt erkennen, dass es „unter Jugendlichen in Deutschland mehr und mehr verpönt" ist zu rauchen (vgl. Der Neue Tag, siehe 5.1).

3.5 Bereitschaft mit dem Rauchen aufzuhören

Der verbreitete Wunsch den Tabakkonsum zu beenden, bestätigt sich in der großen Anzahl von Rauchern, die bereits versucht haben aufzuhören (65,1 %). Den Jugendlichen fällt es aber anscheinend sehr schwer aufzuhören, da ihre Versuche bisher erfolglos blieben (siehe Diagramm 10). Von allen möglichen vorgegebenen Gründen mit dem Rauchen aufzuhören waren erste gesundheitliche Beschwerden (79,3 %) und die zunehmenden Kosten für Zigaretten (71,4 %) die stärksten Anreize zum Beenden der Sucht (siehe Diagramm 11).

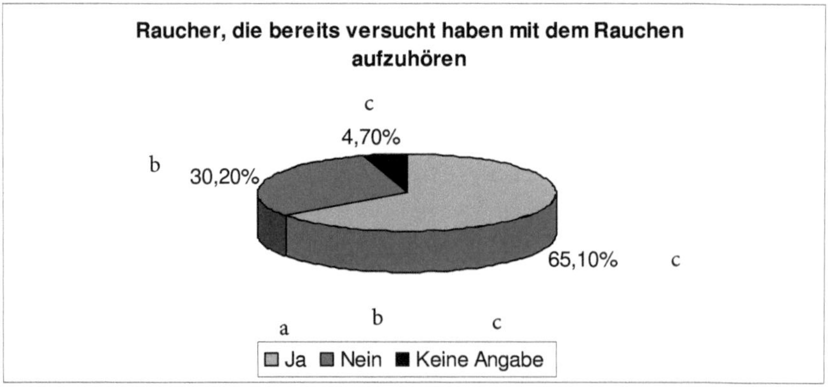

Diagramm 10: Ergebnis der Frage Nr. 17 des Umfragebogens: „Hast Du schon einmal versucht mit dem Rauchen aufzuhören?"

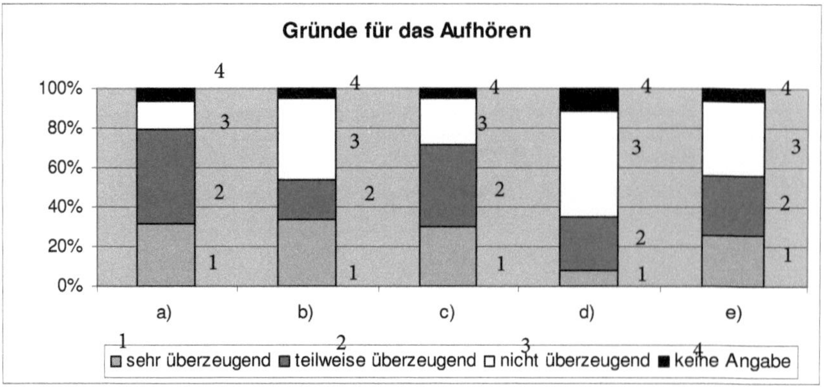

Diagramm 11 Ergebnis der Frage Nr. 18 des Umfragebogens: „Wie überzeugend sind für Dich folgende Gründe mit dem Rauchen aufzuhören?"

a) Erste gesundheitliche Beschwerden
b) Weil es der Freund bzw. die Freundin will
c) Weil Zigaretten immer teurer werden
d) Geringeres Ansehen in der Gesellschaft
e) Wegen dem Rauchgeruch an der Kleidung

Die zu starken Entzugserscheinungen (41,3 %) und die fehlende Willenskraft (42,9 %) der Probanden sind die überzeugendsten Gründe, die gegen das Aufhören sprechen (siehe Diagramm 12.1). Fast ausschließlich weibliche Befragte geben an, dass sie sich aus Angst vor einer Gewichtszunahme das Rauchen nicht abgewöhnen wollen (siehe Diagramm 12.2).

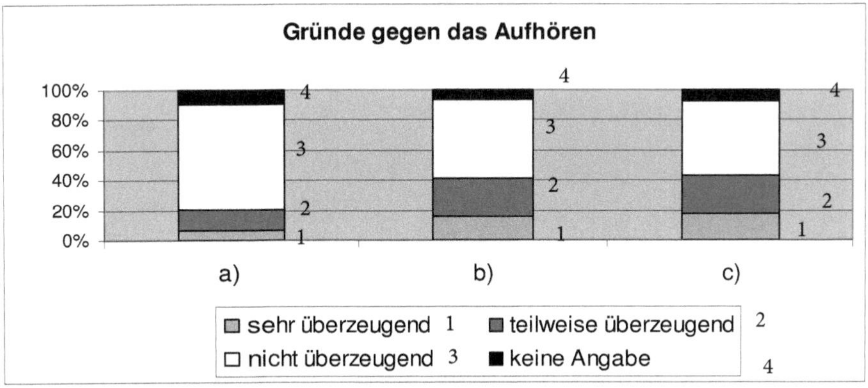

Diagramm 12.1: Ergebnis der Frage Nr. 19 des Umfragebogens: „Wie überzeugend sind folgende Gründe, die Dich daran hindern, mit dem Rauchen aufzuhören?“

a) Ich habe Angst davor, an Gewicht zuzunehmen
b) Zu starke Entzugserscheinungen
c) Zu wenig Willenskraft

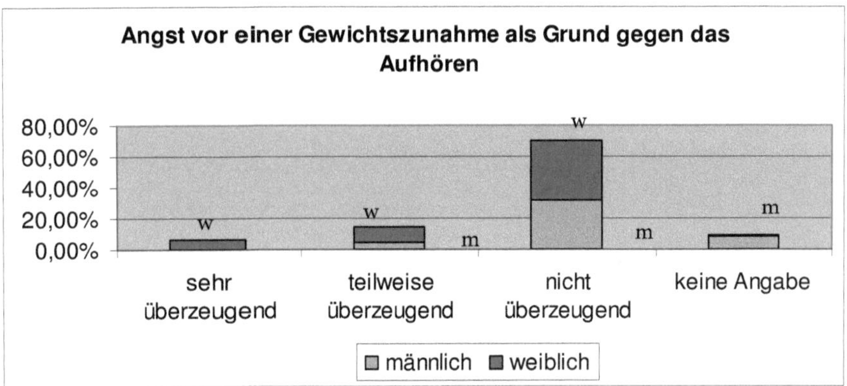

Diagramm 12.2 Teilergebnis der Frage Nr. 19 des Umfragebogens

Viele jugendliche Raucher sorgen sich zwar um ihre Gesundheit und um hohe finanzielle Ausgaben, aber die Angst vor Entzugserscheinungen oder anderen Konsequenzen, die mit dem Aufhören verbunden sind, überwiegt. Als wirksamste Hilfsmethode sehen die Probanden Nikotinpflaster und Nikotinkaugummis an (siehe Diagramm 13). Daraus wird ersichtlich, dass sich Jugendliche das Rauchen nicht allein abgewöhnen können oder wollen, sondern dabei Unterstützung brauchen und beim Entzug Medikamente wünschen, die vor allem ihre körperlichen Entzugserscheinungen mildern.

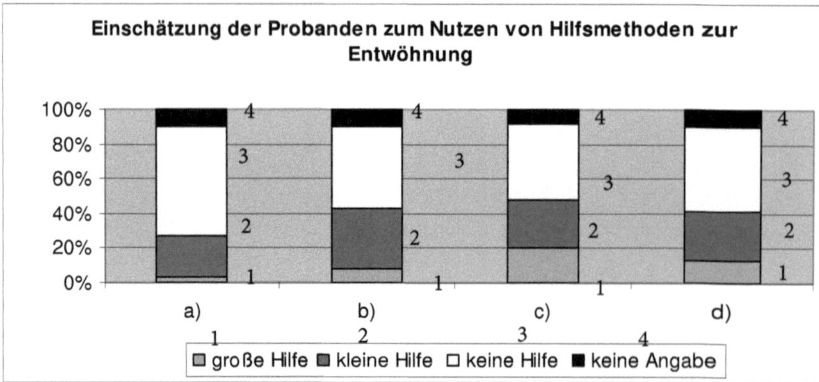

Diagramm 13: Ergebnis der Frage Nr. 20 des Umfragebogens: „Bitte gib an inwieweit Dir folgende Möglichkeiten beim Aufhören wahrscheinlich helfen würden?“

a) Literatur/Broschüren zum Thema
b) Informationsmaterialien über Entwöhnungsmethoden
c) Nikotinpflaster/ -kaugummis
d) Raucherentwöhnungskurs

3.6 Abhängigkeit der Jugendlichen von Zigaretten

Den größten Anteil an stark abhängigen Rauchern gibt es in der 9. Klasse Hauptschule und in der K 12 des Gymnasiums. Dies zeigt sich bereits in 3.2 „Gründe für den Tabakkonsum“, da hier 70,3 % der 9. Klasse Hauptschule und 60 % der 12. Klasse der Motivation „Aufhören klappt bei mir nicht“ zustimmen (siehe Diagramm 4.1 und 14).

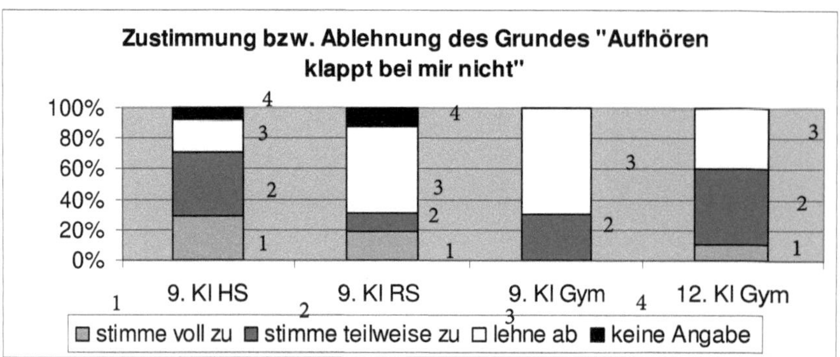

Diagramm 14: Teilergebnis der Frage Nr. 14 des Umfragebogens (vgl. Diagramm 4.1)

Des Weiteren unterstützt dies der Vergleich der Befragungsgruppen beim Zigarettenkonsum pro Woche. 37 % der Raucher aus der 9. Klasse Hauptschule und 40 % der Raucher aus der 12. Klasse Gymnasium konsumieren in der Woche über 60 Zigaretten (siehe Diagramm 15).

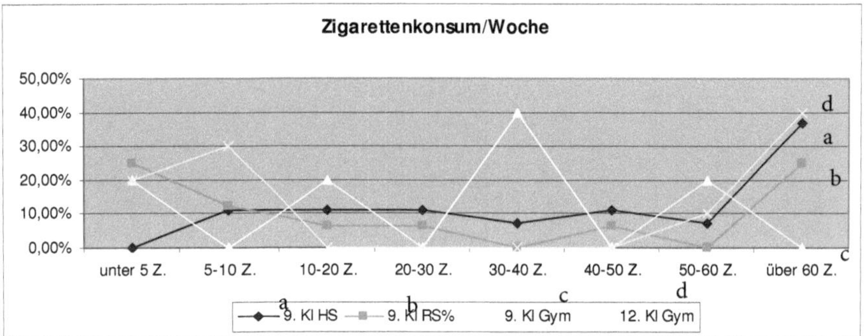

Diagramm 15: Ergebnis der Frage Nr. 11 des Umfragebogens: „Wie viele Zigaretten rauchst Du pro Woche?"

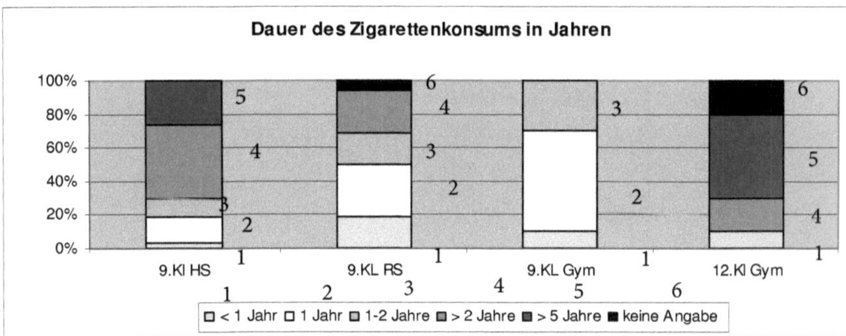

Diagramm 16: Ergebnis der Frage Nr. 12 des Umfragebogens: „Wie lange bist Du bereits Raucher?"

9. Klasse Hauptschule und 12. Klasse Gymnasium liegen außerdem mit über 5 Jahren als Dauer ihres Zigarettenkonsums an der Spitze (siehe Diagramm 16) und vor allem aus diesen beiden Befragungsgruppen müssen sich die Tabakkonsumenten ihre Zigaretten durch einen Nebenjob finanzieren (siehe Diagramm 17). Betrachtet man die Zeitspanne, in der junge Raucher auf Zigaretten verzichten können, so fällt auf, dass Realschüler und Hauptschüler am wenigsten lang auf Nikotin verzichten können (siehe Diagramm 18). Rauchende Gymnasiasten können dagegen länger pausieren.

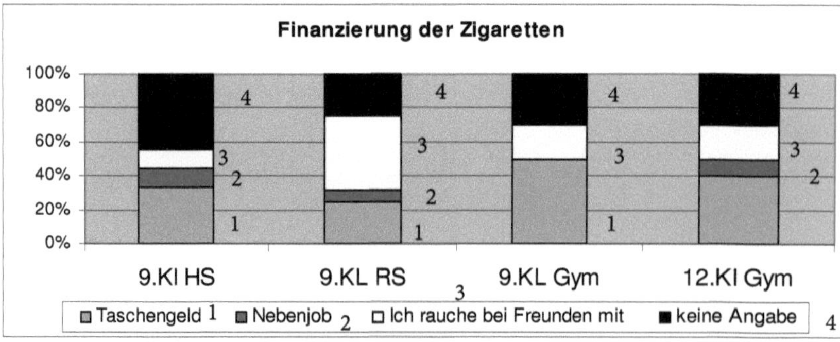

Diagramm 17: Ergebnis der Frage Nr. 25 des Umfragebogens: „Wie finanzierst Du Dir Deine Zigaretten?"

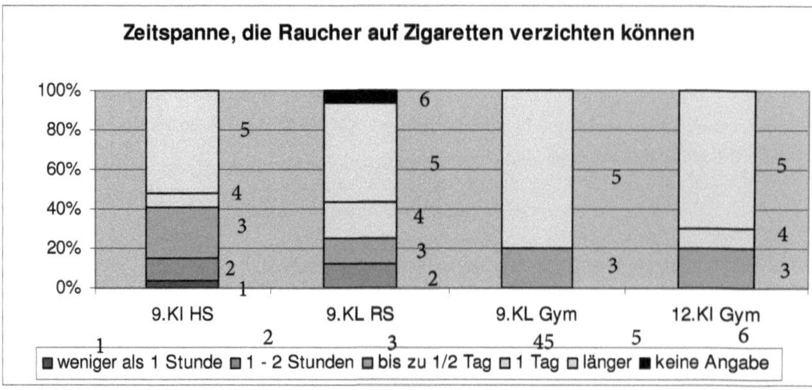

Diagramm 18: Ergebnis der Frage Nr. 13 des Umfragebogens: „Wie lange kannst Du auf Zigaretten verzichten ohne nervös zu werden?"

3.7 Einstellung zur Gesundheitsschädlichkeit des Rauchens

Bei der Untersuchung der BZgA wurde herausgefunden, dass es kaum Jugendliche gibt, die Zigaretten als nicht oder nur wenig gesundheitsschädlich einstufen (vgl. BZgA, Förderung des Nichtrauchens, S.49f, siehe 5.2). Das zeigt sich auch in dieser Befragung, denn wie man bereits in 3.5 erfahren hat, sind erste gesundheitliche Beschwerden die überzeugendste Motivation für die rauchenden Schüler, sich die Zigaretten abzugewöhnen, und spielen somit eine große Rolle für die Befragten (siehe Diagramm 11). Diese Motivation begründet sich darin, dass 50,8 % bereits bei sich selbst eingeschränkte körperliche Fitness feststellen müssen und lediglich 33,3 % noch keine körperlichen Folgen beobachten können (Diagramm 19).

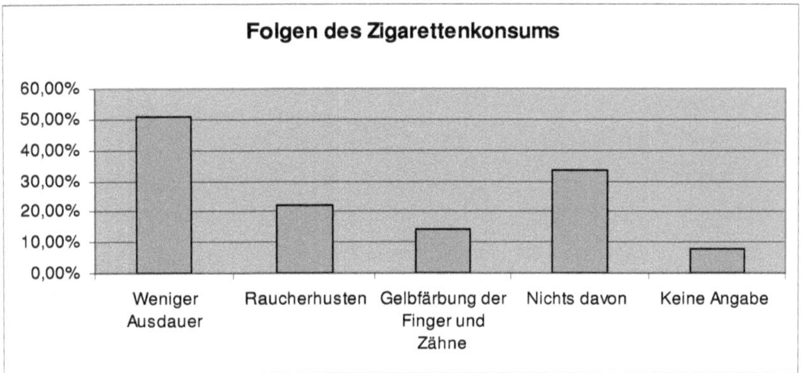

Diagramm 19: Ergebnis der Frage Nr. 22 des Umfragebogens: „Welche Folgen des Zigarettenkonsums kannst Du bereits bei Dir selbst feststellen?"

Außerdem achten 19 % (siehe Diagramm 20) der Raucher beim Kauf von Zigaretten auf einen verminderten Tabakgehalt und sind vermutlich irrtümlicherweise der Meinung, dass sie so ihrer Gesundheit weniger schaden würden. Man hat nämlich herausgefunden, dass Zigaretten mit reduziertem Nikotin- und Teergehalt genauso schädlich sind wie normale Zigaretten (vgl. Wikipedia, siehe 5.2).

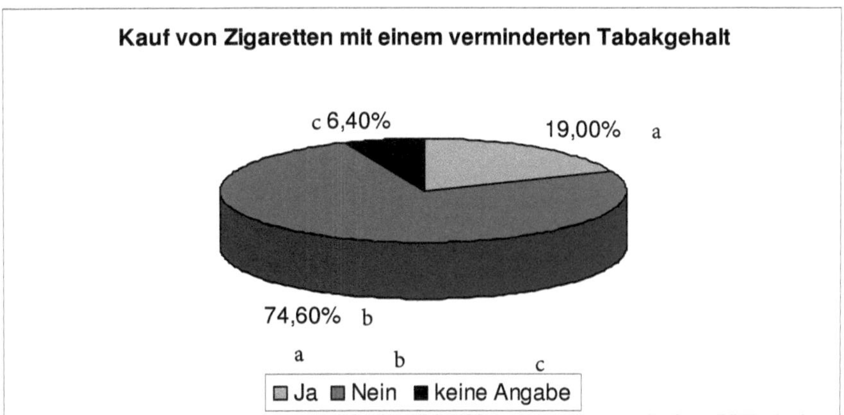

Diagramm 20: Ergebnis der Frage Nr. 21 des Umfragebogens: „Achtest Du beim Kauf Deiner Zigaretten auf einen verminderten Tabakgehalt? („Light-Zigaretten")"

3.8 Suchtprävention und ihre Maßnahmen

Sprüche auf Zigarettenschachteln oder Statistiken zur Anzahl von Lungenkrebstoten beeinflussen die Schüler nur wenig. Es sind Fotos von Raucherlungen oder von Raucherbeinen, die sie mit 78,9 % (siehe Diagramm 21) am meisten erschrecken bzw. vom Rauchen abhalten. Um Jugendliche besser vor einem Kontakt mit Nikotin zu schützen und um sie effektiver über Folgen aufklären zu können, wären also Maßnahmen nötig bei denen man vor allem Fotos von Erkrankungen zeigt.

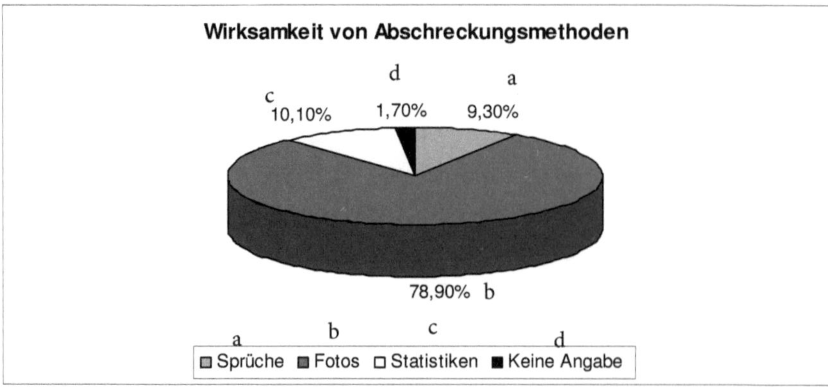

Diagramm 21: Ergebnis der Frage Nr. 8 des Umfragebogens: „Was ist Deiner Meinung nach die beste Methode, Jugendliche vom Rauchen abzuhalten bzw. was erschreckt Dich selbst als Raucher?"

Als weitere Methode der Suchtprävention wird das Rauchverbot an Schulen von der Mehrheit als erwünscht angesehen (siehe Diagramm 22.1). Sogar 22,2 % von allen Rauchern sprechen sich für ein Verbot an Schulen aus (siehe Diagramm 22.2). Man kann die Vermutung aufstellen, dass sie es begrüßen, wenn aufgrund eines Verbots vormittags nicht geraucht werden darf, da sie somit gezwungen werden täglich weniger zu rauchen. Dies führt sodann unter anderem zu einer Geldersparnis. Das Rauchverbot in Kneipen und Restaurants wird von allen Gruppen mit Ausnahme der 9. Klasse Hauptschule mit über 50 % (siehe Diagramm 23.1) befürwortet. Die Mehrheit der Hauptschüler ist gegen ein Rauchverbot, wahrscheinlich da diese Probandengruppe den größten Raucheranteil hat (siehe 3.1).

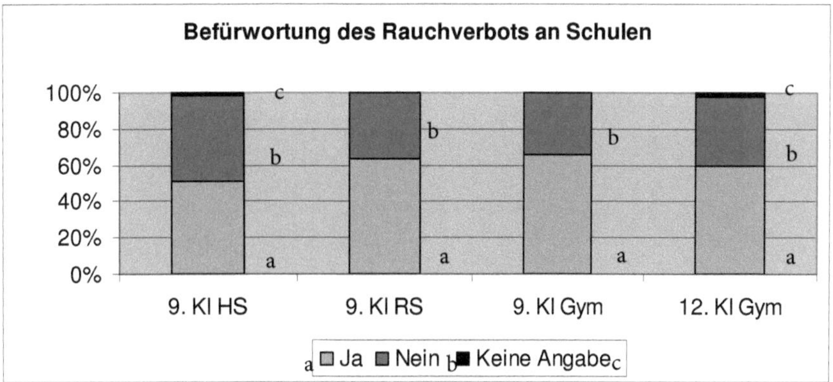

Diagramm 22.1: Ergebnis der Frage Nr. 3 des Umfragebogens: „Bist Du für ein generelles Rauchverbot in Kneipen und Restaurants?"

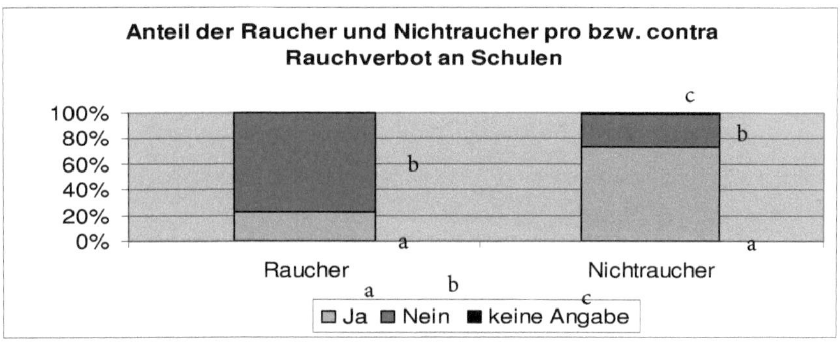

Diagramm 22.2: Teilergebnis der Frage Nr. 3 des Umfragebogens

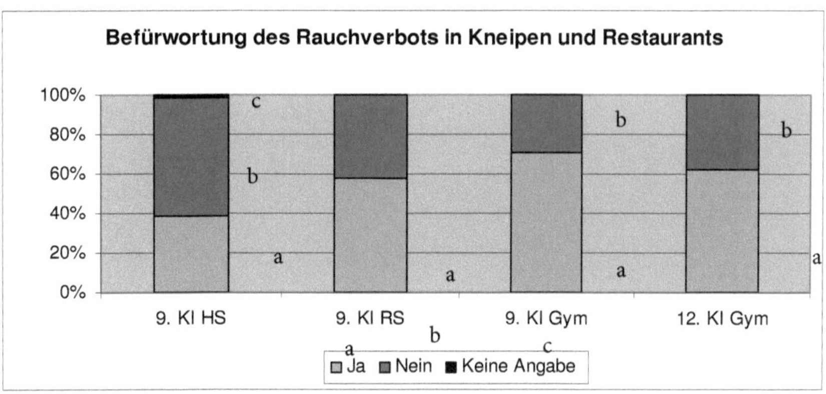

Diagramm 23.1 Ergebnis der Frage Nr. 4 des Umfragebogens: „Bist Du für ein generelles Rauchverbot in Kneipen und Restaurants?"

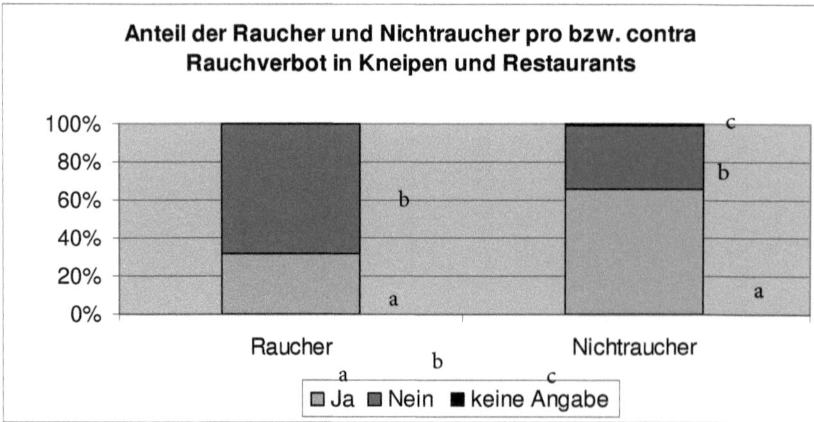

Diagramm 23.2: Teilergebnis der Frage Nr. 4 des Umfragebogens

Erstaunlicherweise sind auch 33,3 % der Nichtraucher (siehe Diagramm 23.2) gegen ein Rauchverbot in der Gastronomie. Über diese Einstellung schreibt „Der Spiegel", dass einige Nichtraucher ein Vorgehen wie die Einführung des Rauchverbots in der Gastronomie als zu „radikal" oder „hysterisch" ansehen und es vorziehen Raucher zu tolerieren und auf sie Rücksicht zu nehmen (vgl. Evers M.: Der Spiegel, S. 67, siehe 5.1). Die große Ablehnung des Verbots (68,3 %) von den Tabakkonsumenten lässt sich damit begründen, dass das Ausgehen am Abend das bevorzugte Umfeld der Jugendlichen zum Rauchen ist (siehe 3.3).

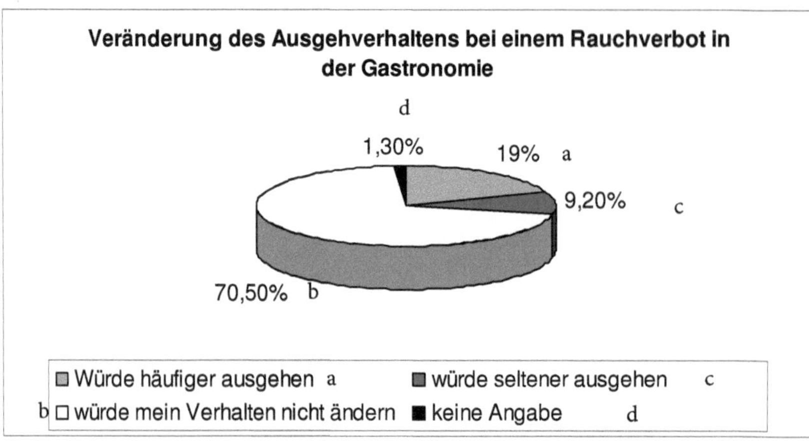

Diagramm 24.1: Ergebnis der Frage Nr. 5 des Umfragebogens: „Wie würde ein generelles Rauchverbot in der Gastronomie Dein Ausgehverhalten beeinflussen?"

Die mögliche Befürchtung, dass nach einem Rauchverbot weniger ausgegangen wird, kann mit den Ergebnissen nur teilweise widerlegt werden. Insgesamt würden lediglich 9,2 % seltener ausgehen, dagegen würden aber 19 % aller Befragten häufiger ausgehen (siehe Diagramm 24.1). Von den Rauchern sind es allerdings ungefähr 30 %, die seltener ausgehen würden. Jedoch würden von den Nichtrauchern 25,3 % häufiger ausgehen (siehe Diagramm 24.2). Dies zeigt, dass es sehr wohl einigen Nichtrauchern unangenehm ist, dass sie beim Weggehen am Abend passiv mitrauchen müssen. Außerdem würde ein Rauchverbot eventuell die Motivation zum Aufhören bei den Rauchern fördern. „Der Spiegel" berichtet, dass in Ländern, in denen das Rauchverbot bereits eingeführt wurde, wie beispielsweise in Italien, wo 500 000 Personen seit Einführung des Verbots mit dem Rauchen aufhörten, „die Motivation, mit dem Qualmen aufzuhören" sich gesteigert hätte (vgl. Evers M.: Der Spiegel, S. 70, siehe 5.1).

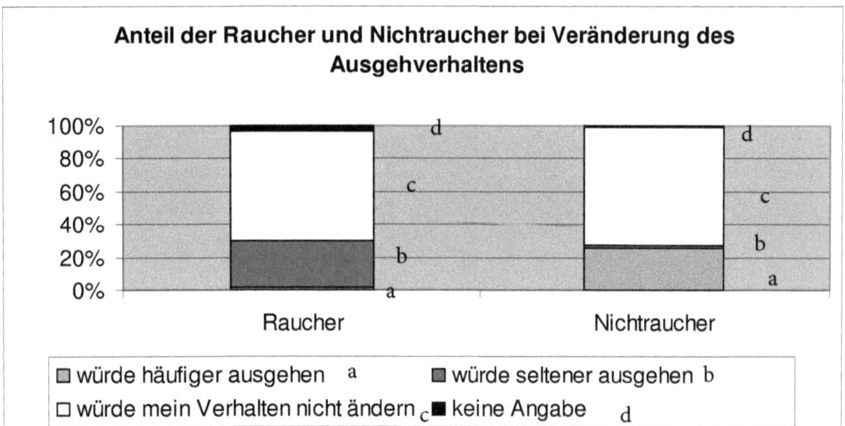

Diagramm 24.2: Teilergebnis der Frage Nr. 5 des Umfragebogens

Eine Suchtprävention mit Hilfe einer allgemeinen Aufklärung über den Tabakkonsum erfüllen die Eltern bzw. die Schulen durchaus, denn, wie die Umfrage zeigt, sind die meisten Schüler über das Thema Rauchen ausreichend informiert. 71,7 % (siehe Diagramm 25) schätzen ihren Wissensstand über Nikotinsucht und mögliche gesundheitliche Schäden des Rauchens als sehr gut bis gut. Weitere 26,6 % beurteilen ihr Wissen als mittelmäßig.

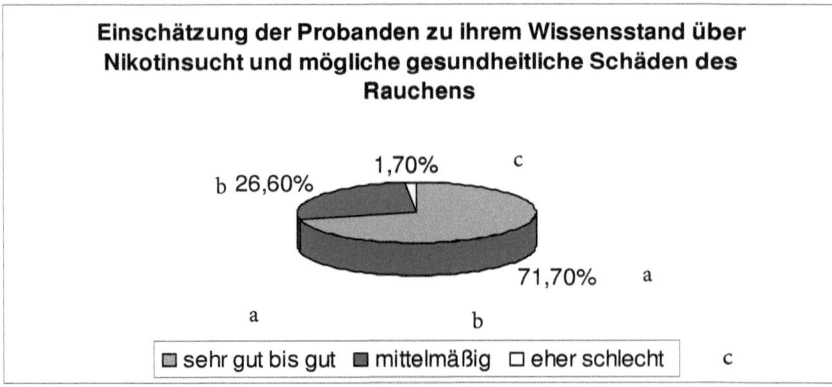

Diagramm 25: Ergebnis der Frage Nr. 7 des Umfragebogens: „Wie gut weißt Du über die Nikotinsucht und mögliche gesundheitliche Schäden des Rauchens Bescheid?“

In der 9. Jahrgangsstufe der Hauptschule haben 53,8 % aller Schüler rauchende Eltern (siehe Diagramm 26.1). Der Anteil ist also in der Befragungsgruppe am größten, in der auch die höchste Raucherquote der Jugendlichen liegt. Von allen Rauchern haben fast 60 % (siehe Diagramm 26.2) Eltern, die ebenfalls Tabak konsumieren. Es scheint plausibel, dass die Eltern bezüglich des Rauchens eine Vorbildfunktion gegenüber ihrem Kind einnehmen. Allerdings lässt der unerwartet deutliche Unterschied von über 10 % zwischen 9. und 12. Klasse Gymnasium einen starken Zufallseinfluss vermuten.

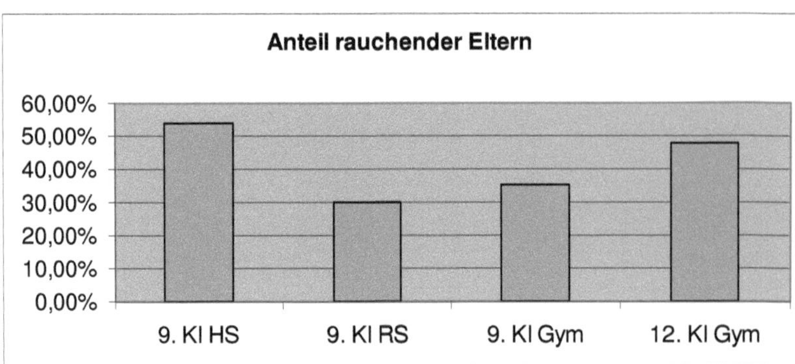

Diagramm 26.1 Ergebnis der Frage Nr. 6 des Umfragebogens: „Rauchen Deine Eltern?“ (dargestellt sind die „Ja“-Antworten)

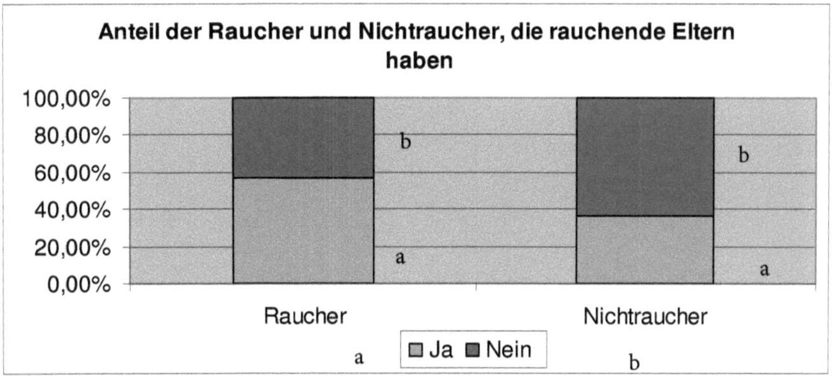

Diagramm 26.2: Teilergebnis der Frage Nr. 6 des Umfragebogens

Um herauszufinden, wie das Rauchverhalten der Jugendlichen mit dem Rauchverhalten der Eltern in wechselseitiger Beziehung steht, wird der Korrelationskoeffizient r berechnet (vgl. Daumer, 1981, S.164 f, siehe 5.1). Der vermutete Zusammenhang zwischen dem Rauchverhalten der Jugendlichen und der Eltern ist mit einem Wert von 0,19 für r (Berechnung siehe Anhang C) schwach ausgeprägt, aber signifikant, da eine χ^2-Signifikanzprüfung ergibt, dass die Irrtumswahrscheinlichkeit p etwa zwischen 1 % und 0,1 % anzusiedeln ist. Der hier ermittelte schwache Zusammenhang beruht vermutlich auf einer zu geringen Anzahl von Probanden. Insgesamt zeigen die Ergebnisse bezüglich der Vorbildfunktion und Beeinflussung durch die Eltern, dass es vielleicht weniger rauchende Jugendliche gäbe, wenn deren Vater und Mutter auf Nikotin verzichten würden.

Die Ergebnisse zeigen außerdem, dass das Rauchen in vielen Familien kein offenes Thema ist. 36,5 % (siehe Diagramm 26) der Raucher verheimlichen ihren Zigarettenkonsum vor den Eltern. Man könnte folgern, dass in den Familien zu wenig oder auch falsch über den Tabakkonsum gesprochen wird. In der Zeitschrift „Hörzu" zitiert Wolfram Tauscher, den am Krebsforschungszentrum in Heidelberg tätigen Psychologen Peter Lindinger, mit den Worten „Verbote und Strafen bringen allerdings selten die gewünschte Wirkung" und empfiehlt den Eltern „positive Anreize" zu setzen, wenn sie ihr Kind vor einer Nikotinabhängigkeit schützen wollen (vgl. Tauscher W., Hörzu, S. 120, siehe 5.1).

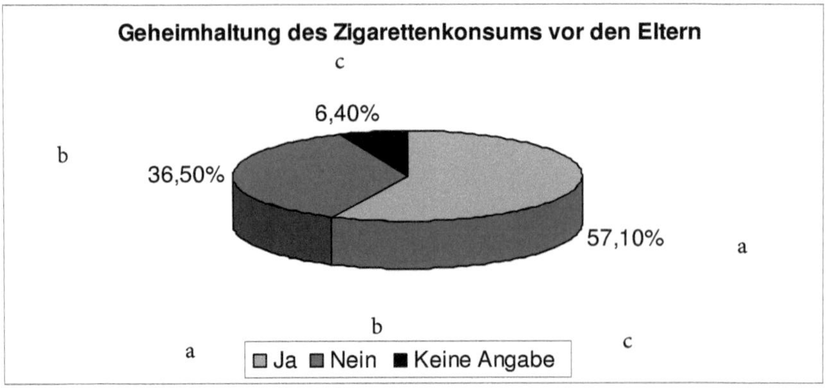

Diagramm 27: Ergebnis der Frage Nr. 26 des Umfragebogens: „Wissen Deine Eltern, dass Du rauchst?“

4. Diskussion der Mängel bei experimenteller Vorgehensweise und Verbesserungsmöglichkeiten

4.1 Erstellung des Fragebogens

Um die Validität der Ergebnisse beurteilen zu können, wäre es von Nöten gewesen, sich strenger an die Regeln und Richtlinien der Statistik zu halten. Die Aufrichtigkeit der gegebenen Antworten könnte man beispielsweise überprüfen, indem zusätzliche Kontrollfragen, die mit einer anderen Formulierung denselben Sachverhalt erfragen, mit in den Umfragebogen eingebaut würden. Filterfragen zu Beginn, mit denen man sodann die Probanden in bestimmte Gruppen einteilen könnte, würden die gesamte Untersuchung eventuell noch verbessern (vgl. Atteslander, 1991, S. 195, siehe 5.1). Außerdem wäre es im Nachhinein vermutlich besser gewesen, wenn man die Untersuchungsbereiche bereits vor der Erstellung des Fragebogens formuliert hätte. Häufig wird bei wissenschaftlichen Arbeiten zuerst der Forschungsgegenstand begrenzt, d. h. die Hypothesen formuliert und sodann mit Anwendung einer Forschungsmethode verifiziert bzw. falsifiziert (vgl. Atteslander, 1991, S. 60ff, siehe 5.1).

Aufgrund von ungewöhnlichen und besonders auffälligen Ergebnissen bei manchen Fragen wird erkenntlich, dass man den endgültigen Fragebogen noch verbessern könnte. Für die Fragen 11 und 13 wäre ein breiteres Antwortspektrum nach oben interessant, da hier der Anteil bei der Antwort „über 60 Zigaretten“ (Frage Nr. 11) bzw. „länger“ (Frage Nr. 13) erstaunlich hoch ist. Ebenso müsste die Ablehnskala der Frage Nr. 14 feiner untergliedert werden. Dem Grund für den Tabakkonsum „Ich fühl mich dadurch erwachsener“ lehnen nämlich nahezu alle (88,9 %) ab. Die Frage Nr. 16 passt nicht genau zu dem Untersuchungsbereich „Umfeld der Raucher“, da nach Präferenz und nicht nach faktischem Verhalten gefragt wird. Eine Erläuterung der Antwortmöglichkeiten wäre vermutlich bei den Fragen Nr. 18 und Nr. 25 sinnvoll gewesen, da hier ein hoher Anteil von „keine Angabe“ (siehe Anhang C) auffällt. Allgemein wurde von Probanden bei einigen Fragen keine Angabe gemacht, was eventuell auf zu indiskrete oder missverständliche Fragestellungen zurückzuführen ist.

4.2 Durchführung der Umfrage

Weil die Durchführung der Umfrage ausschließlich in Regensburger Schulen stattfand, ist die Übertragbarkeit auf die Allgemeinheit eingeschränkt. Die Ergebnisse sind für den Regensburger Raum gültig, um allerdings Aussagen über einen größeren Bereich machen zu können, wäre eine größere Probandengruppe nötig gewesen. Ein Vergleich zu anderen Städten oder auch zu anderen Ländern würde die ganze Untersuchung noch interessanter machen. Außerdem ist zu kritisieren, dass sich für die Befragungsgruppe der 9. Klasse Realschule leider keine gemischte Realschule in Regensburg kooperativ zeigte und man somit nur die 9. Klassen einer Mädchenrealschule befragen konnte. Da sich aber die Mädchen der 9. Klasse Realschule bei der Beantwortung ähnlich den anderen Klassen verhielten, konnte man sie dennoch in den Vergleich der Schulen miteinbeziehen.

5. Literaturverzeichnis

5.1 Bücher und Zeitschriften

- Atteslander P., Methoden der empirischen Sozialforschung, Berlin, Walter de Gruyter & Co., 1991[6], S. 60-70 und S. 195
- Daumer K. (Hg), Verhaltensbiologie, München, Bayerischer Schulbuch-Verlag, 1981[3], S. 164 f)
- Der Neue Tag, Jugendliche finden Rauchen nicht cool, in Der neue Tag vom 26.07.2006, Nr. 170, S. 7
- Evers M.: Das Ende der Toleranz, in: Der Spiegel 2006, Nr. 24, S. 64 – 76
- Tauscher W.: Spiel mit dem Feuer, in: Hörzu 2006, Nr. 36, S. 120

5.2 Internetliteratur

- Bundeszentrale für gesundheitliche Aufklärung, „Förderung des Nichtrauchens", Juli 2006, Internetseite **http://www.bzga.de/?uid=9b331a861e52d9beaf1a71b8cf50ee69&id=Seite1417**, aufgerufen am 1.01.2007
- Gesetzentwurf der Staatsregierung zur Änderung des Bayerischen Gesetzes über das Erziehungs- und Unterrichtswesen. Internetseite **http://www.km.bayern.de/imperia/md/content/pdf/aktuelles/rauchverbot.pdf**, aufgerufen am 1.01.2007
- Rauchfrei, „Raucherquoten bei Kindern und Jugendlichen" Internetseite **http://www.rauchfrei-info.de/index.php?id=31**, aufgerufen am 1.01.2007
- Schaible Ira, „Den Suchtrauchern machen wir Streß!" Internetseite **http://www.aerztezeitung.de/docs/2005/08/30/152a1701.asp?cat=/medizin/rauchen**, aufgerufen am 1.01.2007
- Wikipedia, „Tabakrauchen", Abschnitt „Auswirkungen auf die Gesundheit", Internetseite **http://de.wikipedia.org/wiki/Tabakrauchen#Auswirkungen_auf_die_Gesundheit**, aufgerufen am 4.01.2007

Anhang A: Fragebogen des Vortests

Umfrage zum Rauchverhalten von Jugendlichen

Im Rahmen meiner Facharbeit untersuche ich anhand von Umfragen das Rauchverhalten von Jugendlichen. Die Fragen beziehen sich vorwiegend auf die Raucher, jedoch bitte ich die Nichtraucher die Fragen 1-6 zu beantworten. In manchen Fragen sind ebenso Mehrfachantworten möglich. Es würde mich sehr freuen, wenn ich viele ehrlich ausgefüllte Umfragebogen wieder zurückbekäme.

Alter: ______ Geschlecht: □ männlich
□ weiblich

1. Rauchst Du zur Zeit?

□ Ja, regelmäßig
□ Ja, gelegentlich(weniger als 1 Zigarette täglich)
□ Nein >>>>>>>> 1a, Hast Du schon einmal geraucht?
□ Ja regelmäßig, von __ bis ___ (Alter)
□ Ja gelegentlich(weniger als 1 Zigarette täglich)von __ bis __ (Alter)
□ Nein, noch nie
1b, Wie stehst Du als Nichtraucher zu Rauchern?
□ Ich bin mehr mit Nichtrauchern befreundet
□ Ich bin genauso mit Rauchern befreundet
□ Ich würde Rauchern gerne helfen, sie von ihrem Laster zu befreien
□ Sie sind mir egal
□ ____

---

2. Hast Du jemals versucht, mit dem Rauchen aufzuhören?

□ Ja □ Nein

2a, Wenn Ja, aus welchen Gründen wolltest Du aufhören?

□ Erste gesundheitliche Beschwerden(z.B. Raucherhusten)
□ Weil es der Freund, bzw. die Freundin wollte
□ Weil Zigaretten immer teurer werden
□ Sonstiges: ______________________________________

2b, Wenn Nein, warum hast Du noch nie versucht aufzuhören?

□ Ich bin ein glücklicher Raucher
□ Angst vor möglichen Entzugserscheinungen
□ Angst vor einer Gewichtszunahme
□ __________________________________

---

3. Gibt es in Deiner Familie Raucher?

□ Ja, mein(e) ____________ □ Nein

---

4. Wie gut weißt Du über die Nikotinsucht und mögliche gesundheitliche Schäden des Rauchens Bescheid?

□ Sehr gut bis gut
□ Mittelmäßig
□ eher schlecht

---

5. Was ist Deiner Meinung nach die beste Methode, Jugendliche vom Rauchen abzuhalten bzw. was erschreckt Dich selbst als Raucher?

□ Sprüche auf den Zigarettenschachteln wie „Rauchen kann tödlich sein"
□ Fotos von Raucherlungen oder Raucherbeinen
□ Statistiken zur Anzahl von Lungenkrebstoten
□ ____________________

---

6. Wärst Du für ein absolutes Rauchverbot in Kneipen, Cafes und Restaurants in Deutschland?

□ Ja
□ Ja, aber nur in __________
□ Nein

---

7. Wie lange bist Du bereits Raucher?

□ seit __________

---

8. Wie viele Zigaretten rauchst Du durchschnittlich pro Tag?

□ weniger als 5 Zigaretten
□ 5 – 20 Zigaretten
□ Mehr als 20 Zigaretten

---

9. Wann nach dem Aufwachen rauchst Du Deine erste Zigarette?
- □ Innerhalb von 15 Minuten
- □ Innerhalb einer Stunde
- □ Später als nach einer Stunde

---

10. Würdest Du in nächster Zeit mit dem Rauchen aufhören, wenn Du wüsstest, wie Du es dauerhaft schaffen könntest?

□ Ja □ Nein

---

11. Hättest Du gerne Hilfe, um Dir das Rauchen abzugewöhnen?

□ Ja □ Nein

---

12. Was würde Dir wahrscheinlich helfen das Rauchen aufzugeben?
- □ Literatur/Broschüren zum Thema (Bücher wie „Endlich Nichtraucher“ von Allen Carr)
- □ Informationsmaterialien über Entwöhnungsmethoden
- □ Nikotinpflaster/ kaugummis
- □ Raucherentwöhnungskurs
- □ Nichts davon
- □ Mein Vorschlag: ______________________________

---

13. Zu welchen Gelegenheiten und mit wem rauchst Du am häufigsten? (Mehrfachnennung möglich)
- □ Vor bzw. nach der Schule
- □ Während des Lernens
- □ Beim Weggehen am Abend in Kneipen, Discos
- □ Beim Autofahren
- □ Nach dem Essen
- □ Zu alkoholischen Getränken
- □ Allein
- □ Mit Freunden (in Gemeinschaft)
- □ ____________________

---

14. Warum rauchst Du trotzdem weiter, obwohl Du weißt, dass das Rauchen lebensgefährliche Krankheiten auslösen kann?
- □ Weil ich mich noch nicht betroffen fühle, ich bin jung und habe noch keine Beschwerden
- □ Ich lebe nach dem Motto: „Sterben tut eh jeder“
- □ Weiterrauchen ist einfacher als Aufhören
- □ ____________________

---

15. Welche Folgen des Zigarettenkonsums kannst Du bereits bei Dir selbst feststellen?
- □ Weniger Ausdauer bei Sport
- □ Raucherhusten
- □ Gelbfärbung der Finger
- □ Sonstiges: ____________________
- □ Nichts davon

---

16. Nimmst Du als Raucher Rücksicht auf Nichtraucher (z.B. in Restaurants)
- □ Ja, ich lasse das Rauchen, wenn mich jemand darum bittet
- □ Nein
- □ meistens

---

17. Wie finanzierst Du Dir Deine Zigaretten?
- □ Taschengeld
- □ Nebenjob
- □ Ich rauche bei Freunden mit
- □ ____________________

---

18. Wissen Deine Eltern, dass Du rauchst?

□ Ja □ Nein

---

19. Wie lange kannst Du auf Zigaretten verzichten ohne nervös zu werden?
- □ weniger als 1 Stunde
- □ 1- 2 Stunden
- □ bis zu ½ Tag
- □ 1 Tag
- □ ________

---

20. Gibt es Situationen in Gegenwart von Nichtrauchern, in denen Dir das Rauchen peinlich ist?

□ Ja □ Nein

Anhang B: Endgültiger Fragebogen

Umfrage zum Rauchverhalten von Jugendlichen

Im Rahmen meiner Facharbeit untersuche ich anhand von Umfragen das Rauchverhalten von Jugendlichen. Die Fragen beziehen sich vorwiegend auf die Raucher, jedoch bitte ich die Nichtraucher, die Fragen unter dem Punkt **„Für alle“** und die Fragen unter dem Punkt **„Für Nichtraucher”** zu beantworten. Mit „Rauchern“ sind jegliche Konsumenten von Tabakwaren gemeint (z.B. auch Zigarrenraucher).
Es würde mich sehr freuen, wenn ich viele ehrlich ausgefüllte Umfragebogen wieder zurückbekäme.

Alter: _____ **Geschlecht:** □ **männlich**
Klasse:_____ □ **weiblich**
Schule: □ **Hauptschule** □ **Realschule** □ **Gymnasium**

- Für alle –

1. Bist Du derzeit Raucher? (Ab 1 Zigarette im Monat)
□ Ja □ Nein

2. In welchem Alter hast Du **zum ersten Mal** eine Zigarette ausprobiert?
□ Mit ____ Jahren
□ Ich habe noch nie eine Zigarette ausprobiert

3. Bist Du für ein generelles Rauchverbot an **Schulen**?
□ Ja □ Nein

4. Bist Du für ein generelles Rauchverbot in **Kneipen und Restaurants**?
□ Ja □ Nein

5. Wie würde ein generelles Rauchverbot in der Gastronomie Dein **Ausgehverhalten** beeinflussen?
□ würde häufiger ausgehen
□ würde seltener ausgehen
□ würde mein Verhalten nicht ändern

6. Rauchen Deine Eltern?
□ Ja □ Nein

7. Wie gut weißt Du über die **Nikotinsucht** und mögliche **gesundheitliche Schäden** des Rauchens Bescheid?
□ Sehr gut bis gut
□ Mittelmäßig
□ eher schlecht

8.Was ist Deiner Meinung nach **die beste Methode**, Jugendliche vom **Rauchen abzuhalten** bzw. was **erschreckt** Dich selbst als Raucher?(Bitte nur ein Kästchen ankreuzen)
□ Sprüche auf den Zigarettenschachteln wie „Rauchen kann tödlich sein“
□ Fotos von Raucherlungen oder Raucherbeinen
□ Statistiken zur Anzahl von Lungenkrebstoten

9. Inwieweit **stimmst** Du folgenden Sätzen **zu** oder **lehnst** sie **ab**:
Raucher **gefährden** mit ihrem Qualm die Nichtraucher
□ stimme voll zu □ stimme teilweise zu □ lehne ab
Ich fühle mich vom Rauchqualm in Restaurants **belästigt.**
□ stimme voll zu □ stimme teilweise zu □ lehne ab

- Für Nichtraucher -

10. Du bist **jetzt** Nichtraucher und warst aber **früher** einmal Raucher?

□ Nein, ich bin schon immer Nichtraucher
□ Ja, und zwar ungefähr im Alter von...
□ unter 10 Jahren □ 10 - 12 Jahren □ 12 - 14 Jahren
□ 14 - 16 Jahren □ 16 - 18 Jahren □ über 18 Jahren

- Für Raucher –

11. Wie viele Zigaretten rauchst Du **pro Woche**?

____

12. Wie lange bist Du bereits Raucher?

Seit _____Jahr(en)

13. Wie lange kannst Du auf Zigaretten **verzichten** ohne nervös zu werden?

□ weniger als 1 Stunde □ 1- 2 Stunden □ bis zu ½ Tag
□ 1 Tag □ länger

14. Inwieweit stimmst Du folgenden **Gründen für das Rauchen** zu oder lehnst sie ab?

	Stimme **voll** zu	Stimme **teilweise** zu	Lehne ab
ich fühl mich dadurch erwachsener	□	□	□
Weil es mein ganzer Freundeskreis tut	□	□	□
Es macht mir Spaß	□	□	□
Aufhören klappt bei mir nicht	□	□	□
Ich rauche, weil ich es entspannend finde	□	□	□

15. **Wo** bzw. **wann** rauchst Du am **häufigsten**? (Bitte nur ein Kästchen ankreuzen)

□ Vor bzw. nach der Schule
□ Während des Lernens
□ Beim Weggehen am Abend in Kneipen, Discos
□ Beim Autofahren
□ Nach dem Essen

16. Welches **gesellschaftliche Umfeld** bevorzugst Du beim Rauchen?

□ allein
□ in Gemeinschaft mit anderen Rauchern
□ egal

17. Hast Du schon einmal versucht **mit dem Rauchen aufzuhören**?

□ Ja □ Nein

18. Wie überzeugend sind für Dich folgende **Gründe** mit dem Rauchen **aufzuhören**?

	sehr überzeugend	**teilweise** überzeugend	**nicht** überzeugend
Erste gesundheitliche Beschwerden(z.B. Raucherhusten)	□	□	□
Weil es der Freund, bzw. die Freundin will	□	□	□
Weil Zigaretten immer teurer werden	□	□	□

Geringeres Ansehen in der Gesellschaft	□	□	□
Wegen dem Rauchgeruch an der Kleidung	□	□	□

19. Wie überzeugend sind folgende **Gründe**, die Dich daran **hindern** mit dem Rauchen aufzuhören?

	sehr überzeugend	**teilweise** überzeugend	**nicht** überzeugend
Ich habe Angst davor, an Gewicht zuzunehmen	□	□	□
Zu starke Entzugserscheinungen	□	□	□
Zu wenig Willenskraft	□	□	□

20. Bitte gib an **inwieweit** Dir folgende Möglichkeiten **beim Aufhören** wahrscheinlich **helfen** würden?

	große Hilfe	**kleine** Hilfe	**keine** Hilfe
Literatur/Broschüren zum Thema (Bücher wie „Endlich Nichtraucher“ von Allen Carr	□	□	□
Informationsmaterialien über Entwöhnungsmethoden	□	□	□
Nikotinpflaster/ -kaugummis	□	□	□
Raucherentwöhnungskurs	□	□	□

21. Achtest Du beim **Kauf** Deiner Zigaretten auf einen **verminderten Tabakgehalt**?(„light“-Zigaretten)

□ Ja □ Nein

22. Welche **Folgen** des Zigarettenkonsums kannst Du bereits bei Dir selbst feststellen?

□ Weniger Ausdauer im Sport
□ Raucherhusten
□ Gelbfärbung der Finger und Zähne
□ Nichts davon

23. Nimmst Du **in Restaurants** als Raucher **Rücksicht** auf Nichtraucher?

□ Ja,
□ Ja, aber nur wenn mich jemand darum bittet
□ meistens
□ Nein

24. Gibt es Situationen in **Gegenwart von Nichtrauchern**, in denen Dir das Rauchen **peinlich** ist?

□ Ja □ Nein

25. Wie **finanzierst** Du Dir Deine Zigaretten?

□ Taschengeld
□ Nebenjob
□ Ich rauche bei Freunden mit

26. Wissen Deine Eltern, dass Du rauchst?

□ Ja □ Nein

Anhang C: Gesamtdaten für die Auswertung

1. Raucherquote der befragten Schüler, ehemalige Raucher und Einstiegsalter für den Tabakkonsum

Frage Nr. 1	männlich	weiblich				
9. Kl HS (33m/32w)	20,00%	21,50%				
9. Kl RS (57w)	0,00%	28,10%				
9. Kl Gym (49m/16w)	15,40%	0,00%				
12. Kl Gym (23m/27w)	10,00%	10,00%				
Frage Nr. 2	unter 10	mit 10	mit 11	mit 12	mit 13	mit 14
9. Kl HS	24,60%	4,60%	7,70%	21,50%	9,20%	3,10%
9. Kl RS	8,80%	0,00%	3,50%	7,00%	21,10%	19,30%
9. Kl Gym	13,90%	6,20%	9,20%	6,20%	12,30%	12,30%
12. Kl Gym	2,00%	2,00%	6,00%	6,00%	8,00%	20,00%
	mit 15	mit 16	mit 17			
9. Kl HS	3,10%	0,00%	0,00%			
9. Kl RS	3,50%	1,80%	0,00%			
9. Kl Gym	6,20%	0,00%	0,00%			
12. Kl Gym	14,00%	16,00%	2,00%			
Restliche Antworten	9. Kl HS	9. Kl RS	9. Kl Gym	12. Kl Gym		
Ich habe noch nie geraucht	24,60%	35,10%	33,80%	24,00%		
Keine Angabe	1,50%	0,00%	0,00%	0,00%		
Frage Nr. 10	Ja, unter 10 J	Ja, 10-12 J	Ja, 12-14 J	Ja, 14-16 J	Ja, 16-18 J	
9. Kl HS	2,60%	13,20%	0,00%	0,00%	0,00%	
9. Kl RS	0,00%	0,00%	4,90%	0,00%	0,00%	
9. Kl Gym	1,80%	3,60%	7,30%	5,50%	0,00%	
12. Kl Gym	2,50%	2,50%	5,00%	5,00%	2,50%	
Restliche Antworten	9. Kl HS	9. Kl RS	9. Kl Gym	12. Kl Gym		
Nein	81,60%	95,10%	81,80%	82,50%		
Keine Angabe	2,60%	0,00%	0,00%	0,00%		

Ehemalige Raucher	9. Kl HS	9. Kl RS	9. Kl Gym	12. Kl Gym
männlich	15,80%	4,90%	18,20%	7,50%
weiblich	0,00%	2,00%	0,00%	10,00%

2. Gründe für den Tabakkonsum

Frage Nr. 14	stimme v. zu	stimme t. zu	lehne ab	k. Angabe
a) Ich fühl mich dadurch erwachsener	3,20%	4,80%	88,90%	3,10%
b) Weil es mein ganzer Freundeskreis tut	9,50%	23,80%	65,10%	1,60%
c) Es macht mir Spaß	27,00%	34,90%	36,50%	1,60%
d) Aufhören klappt bei mir nicht	19,00%	33,30%	41,30%	6,40%
e) Ich rauche, weil ich es entspannend finde	38,10%	49,20%	11,10%	1,60%

Zustimmung bzw. Ablehnung von a)	stimme v. zu	stimme t. zu	lehne ab	k. Angabe
9. Kl HS	3,70%	11,10%	81,50%	3,70%
9. Kl RS	0,00%	0,00%	93,75%	6,25%
9. Kl Gym	10,00%	0,00%	90,00%	0,00%
12. Kl Gym	0,00%	0,00%	100,00%	0,00%

Zustimmung bzw. Ablehnung von b)	stimme v. zu	stimme t. zu	lehne ab	k. Angabe
9. Kl HS	18,50%	18,50%	63,00%	0,00%
9. Kl RS	0,00%	37,50%	56,25%	6,25%
9. Kl Gym	10,00%	10,00%	80,00%	0,00%
12. Kl Gym	0,00%	30,00%	70,00%	0,00%

Zustimmung bzw. Ablehnung von c)	stimme v. zu	stimme t. zu	lehne ab	k. Angabe
9. Kl HS	26,00%	33,30%	40,70%	0,00%
9. Kl RS	25,00%	18,75%	50,00%	6,25%
9. Kl Gym	30,00%	60,00%	10,00%	0,00%
12. Kl Gym	30,00%	40,00%	30,00%	0,00%

Zustimmung bzw. Ablehnung von d)	stimme v. zu	stimme t. zu	lehne ab	k. Angabe
9. Kl HS	29,60%	40,70%	22,20%	7,50%
9. Kl RS	18,75%	12,50%	56,25%	12,50%
9. Kl Gym	0,00%	30,00%	70,00%	0,00%
12. Kl Gym	10,00%	50,00%	40,00%	0,00%

Zustimmung bzw. Ablehnung von e)	stimme v. zu	stimme t. zu	lehne ab	k. Angabe
9. Kl HS	44,50%	37,00%	18,50%	0,00%
9. Kl RS	37,50%	50,00%	6,25%	6,25%
9. Kl Gym	40,00%	50,00%	10,00%	0,00%
12. Kl Gym	20,00%	80,00%	0,00%	0,00%

3. Umfeld der Raucher

Frage Nr. 15	Gesamt
Vor bzw. nach der Schule	12,70%
Während des Lernens	1,60%
Beim Weggehen am Abend in Kneipen, Discos	60,30%
Keine Angabe, bzw. Doppelantworten(wurden nicht gewertet)	25,40%

	9. Kl HS	9. Kl RS	9. Kl Gym	12. Kl Gym
Vor bzw. nach der Schule	22,20%	0,00%	10,00%	10,00%
Während des Lernens	0,00%	0,00%	0,00%	10,00%
Beim Weggehen am Abend in Kneipen, Discos	48,20%	62,50%	70,00%	80,00%
Keine Angabe, bzw. Doppelantworten(wurden nicht gewertet)	29,60%	37,50%	20,00%	0,00%

Frage Nr. 16	9. Kl HS	9. Kl RS	9. Kl Gym	12. Kl Gym
allein	0,00%	6,25%	0,00%	10,00%
in Gemeinschaft mit anderen Rauchern	40,70%	31,25%	60,00%	50,00%
egal	51,90%	56,25%	40,00%	40,00%
keine Angabe	7,40%	6,25%	0,00%	0,00%

	Gesamt
allein	3,20%
in Gemeinschaft mit anderen Rauchern	42,90%
egal	49,20%
keine Angabe	4,70%

4. Soziale Akzeptanz der Raucher

Frage Nr. 9 (Teil 1)	9. Kl HS	9. Kl RS	9. Kl Gym	12. Kl Gym
stimme voll zu	64,60%	64,90%	63,10%	74,00%

stimme teilweise zu	29,20%	31,60%	33,80%	24,00%
lehne ab	4,60%	3,50%	3,10%	2,00%
keine Angabe	1,60%	0,00%	0,00%	0,00%
	Gesamt			
stimme voll zu	66,20%			
stimme teilweise zu	30,00%			
lehne ab	3,40%			
keine Angabe	0,40%			
Frage Nr. 9 (Teil 2)	9. Kl HS	9. Kl RS	9. Kl Gym	12. Kl Gym
stimme voll zu	33,80%	29,80%	44,60%	50,00%
stimme teilweise zu	47,70%	54,40%	41,50%	46,00%
lehne ab	15,40%	15,80%	13,90%	4,00%
keine Angabe	3,10%	0,00%	0,00%	0,00%
	Gesamt			
stimme voll zu	39,20%			
stimme teilweise zu	47,30%			
lehne ab	12,70%			
keine Angabe	0,80%			
Frage Nr. 23	9. Kl HS	9. Kl RS	9. Kl Gym	12. Kl Gym
Ja	40,80%	50,00%	20,00%	90,00%
Nur wenn mich jemand darum bittet	11,10%	25,00%	30,00%	10,00%
Meistens	18,50%	6,25%	20,00%	0,00%
Nein	14,80%	12,50%	30,00%	0,00%
Keine Angabe	14,80%	6,25%	0,00%	0,00%
	Gesamt			
Ja	47,60%			
Nur wenn mich jemand darum bittet	17,50%			
Meistens	12,70%			
Nein	14,30%			
Keine Angabe	7,90%			
Frage Nr. 24	9. Kl HS	9. Kl RS	9. Kl Gym	12. Kl Gym

Ja	18,50%	31,25%	50,00%	40,00%
Nein	70,40%	62,50%	50,00%	60,00%
Keine Angabe	11,10%	6,25%	0,00%	0,00%

	Gesamt
Ja	30,20%
Nein	63,50%
Keine Angabe	6,30%

5. Bereitschaft mit dem Rauchen aufzuhören

Frage Nr. 17	9. Kl HS	9. Kl RS	9. Kl Gym	12. Kl Gym
Ja	70,40%	56,25%	60,00%	70,00%
Nein	22,20%	37,50%	40,00%	30,00%
Keine Angabe	7,40%	6,25%	0,00%	0,00%

	Gesamt
Ja	65,10%
Nein	30,20%
Keine Angabe	4,70%

Frage Nr. 18	s. überz.	t. überz.	n. überz.	k. Angabe
a) Erste gesundheitliche Beschwerden	31,70%	47,60%	14,40%	6,30%
b) Weil es der Freund bzw. die Freundin will	33,30%	20,60%	41,30%	4,80%
c) Weil Zigaretten immer teurer werden	30,10%	41,30%	23,80%	4,80%
d) Geringeres Ansehen in der Gesellschaft	7,90%	27,00%	54,00%	11,10%
e) Wegem dem Rauchgeruch an der Kleidung	25,40%	30,20%	38,10%	6,30%

a)	9. Kl HS	9. Kl RS	9. Kl Gym	12. Kl Gym
sehr überzeugend	22,20%	18,75%	40,00%	70,00%
teilweise überzeugend	51,90%	62,50%	30,00%	30,00%
nicht überzeugend	14,80%	12,50%	30,00%	0,00%
keine Angabe	11,10%	6,25%	0,00%	0,00%

b)	9. Kl HS	9. Kl RS	9. Kl Gym	12. Kl Gym
sehr überzeugend	37,10%	18,75%	40,00%	40,00%
teilweise überzeugend	7,40%	25,00%	50,00%	20,00%

nicht überzeugend	48,10%	50,00%	10,00%	40,00%
keine Angabe	7,40%	6,25%	0,00%	0,00%
c)	9. Kl HS	9. Kl RS	9. Kl Gym	12. Kl Gym
sehr überzeugend	37,10%	12,50%	40,00%	30,00%
teilweise überzeugend	29,60%	56,25%	50,00%	40,00%
nicht überzeugend	25,90%	25,00%	10,00%	30,00%
keine Angabe	7,40%	6,25%	0,00%	0,00%
d)	9. Kl HS	9. Kl RS	9. Kl Gym	12. Kl Gym
sehr überzeugend	7,40%	6,25%	20,00%	0,00%
teilweise überzeugend	29,60%	18,75%	20,00%	40,00%
nicht überzeugend	40,80%	68,75%	60,00%	60,00%
keine Angabe	22,20%	6,25%	0,00%	0,00%
e)	9. Kl HS	9. Kl RS	9. Kl Gym	12. Kl Gym
sehr überzeugend	22,20%	25,00%	30,00%	30,00%
teilweise überzeugend	37,10%	18,75%	30,00%	30,00%
nicht überzeugend	29,60%	50,00%	40,00%	40,00%
keine Angabe	11,10%	6,25%	0,00%	0,00%
Frage Nr. 19	s. überz.	t. überz.	n. überz.	k. Angabe
a) Ich habe Angst davor, an Gewicht zuzunehmen	6,40%	14,30%	69,80%	9,50%
b) Zu starke Entzugserscheinungen	15,90%	25,40%	52,40%	6,30%
c) Zu wenig Willenskraft	17,50%	25,40%	49,20%	7,90%
a)	9. Kl HS	9. Kl RS	9. Kl Gym	12. Kl Gym
sehr überzeugend	3,70%	18,75%	0,00%	0,00%
teilweise überzeugend	18,50%	6,25%	0,00%	30,00%
nicht überzeugend	66,70%	68,75%	80,00%	70,00%
keine Angabe	11,10%	6,25%	20,00%	0,00%
a)	sehr überzeu	teilweise über	nicht überzeu	keine Angabe
männlich	0,00%	4,80%	31,70%	7,90%
weiblich	6,40%	9,50%	38,10%	1,60%
b)	9. Kl HS	9. Kl RS	9. Kl Gym	12. Kl Gym

sehr überzeugend	22,20%	12,50%	10,00%	10,00%
teilweise überzeugend	22,20%	25,00%	20,00%	40,00%
nicht überzeugend	44,50%	56,25%	70,00%	50,00%
keine Angabe	11,10%	6,25%	0,00%	0,00%
c)	9. Kl HS	9. Kl RS	9. Kl Gym	12. Kl Gym
sehr überzeugend	18,50%	18,75%	0,00%	30,00%
teilweise überzeugend	22,20%	31,25%	20,00%	30,00%
nicht überzeugend	48,20%	43,75%	70,00%	40,00%
keine Angabe	11,10%	6,25%	10,00%	0,00%
Frage Nr. 20	große Hilfe	kleine Hilfe	keine Hilfe	keine Angabe
a) Literatur/Broschüren zum Thema	3,20%	23,80%	63,50%	9,50%
b) Informationsmaterialien über Entwöhnungsmethoden	8,00%	34,90%	47,60%	9,50%
c) Nikotinpflaster/-kaugummis	20,60%	27,00%	44,40%	8,00%
d) Raucherentwöhnungskurs	12,70%	28,60%	49,20%	9,50%
a)	9. Kl HS	9. Kl RS	9. Kl Gym	12. Kl Gym
große Hilfe	3,70%	0,00%	0,00%	10,00%
kleine Hilfe	25,90%	6,25%	30,00%	40,00%
keine Hilfe	59,30%	87,50%	60,00%	40,00%
keine Angabe	11,10%	6,25%	10,00%	10,00%
b)	9. Kl HS	9. Kl RS	9. Kl Gym	12. Kl Gym
große Hilfe	11,10%	0,00%	0,00%	20,00%
kleine Hilfe	22,20%	50,00%	40,00%	40,00%
keine Hilfe	55,60%	43,75%	50,00%	30,00%
keine Angabe	11,10%	6,25%	10,00%	10,00%
c)	9. Kl HS	9. Kl RS	9. Kl Gym	12. Kl Gym
große Hilfe	18,50%	18,75%	10,00%	40,00%
kleine Hilfe	18,50%	56,25%	30,00%	0,00%
keine Hilfe	51,90%	18,75%	60,00%	50,00%
keine Angabe	11,10%	6,25%	0,00%	10,00%
d)	9. Kl HS	9. Kl RS	9. Kl Gym	12. Kl Gym
große Hilfe	11,10%	12,50%	10,00%	20,00%

kleine Hilfe	29,60%	25,00%	30,00%	30,00%
keine Hilfe	48,20%	56,25%	50,00%	40,00%
keine Angabe	11,10%	6,25%	10,00%	10,00%

6. Abhängigkeit der Jugendlichen von Zigaretten

Frage Nr. 11	9. Kl HS	9. Kl RS	9. Kl Gym	12. Kl Gym
unter 5 Zigaretten	0,00%	25,00%	20,00%	20,00%
5-10 Zigaretten	11,10%	12,50%	0,00%	30,00%
10-20 Zigaretten	11,10%	6,25%	20,00%	0,00%
20-30 Zigaretten	11,10%	6,25%	0,00%	0,00%
30-40 Zigaretten	7,40%	0,00%	40,00%	0,00%
40-50 Zigaretten	11,10%	6,25%	0,00%	0,00%
50-60 Zigaretten	7,40%	0,00%	20,00%	10,00%
über 60 Zigaretten	37,00%	25,00%	0,00%	40,00%

Restliche Antworten	9. Kl HS	9. Kl RS	9. Kl Gym	12. Kl Gym
keine Angabe	3,70%	18,75%	0,00%	0,00%

Frage Nr. 12	9.Kl HS	9.KL RS	9.KL Gym	12.Kl Gym
< 1 Jahr	3,70%	18,75%	10,00%	10,00%
1 Jahr	14,80%	31,25%	60,00%	0,00%
1-2 Jahre	11,10%	18,75%	30,00%	0,00%
> 2 Jahre	44,40%	25,00%	0,00%	20,00%
> 5 Jahre	25,90%	0,00%	0,00%	50,00%
keine Angabe	0,00%	6,25%	0,00%	20,00%

Frage Nr. 13	9.Kl HS	9.KL RS	9.KL Gym	12.Kl Gym
weniger als 1 Stunde	3,70%	0,00%	0,00%	0,00%
1 - 2 Stunden	11,10%	12,50%	0,00%	0,00%
bis zu 1/2 Tag	25,90%	12,50%	20,00%	20,00%
1 Tag	7,40%	18,80%	0,00%	10,00%
länger	51,90%	50,00%	80,00%	70,00%
keine Angabe	0,00%	6,30%	0,00%	0,00%

Frage Nr. 25	9.Kl HS	9.KL RS	9.KL Gym	12.Kl Gym
Taschengeld	33,30%	25,00%	50,00%	40,00%

Nebenjob	11,10%	6,25%	0,00%	10,00%
Ich rauche bei Freunden mit	11,10%	43,75%	20,00%	20,00%
Keine Angabe bzw. Mehrfachantworten (wurde nicht gewetet)	44,50%	25,00%	30,00%	30,00%

7. Einstellung zur Gesundheitsschädlichkeit des Rauchens

Frage Nr. 21	9.Kl HS	9.KL RS	9.KL Gym	12.Kl Gym
Ja	14,80%	6,25%	30,00%	40,00%
Nein	74,10%	87,50%	70,00%	60,00%
Keine Angabe	11,10%	6,25%	0,00%	0,00%

	Gesamt
Ja	19,00%
Nein	74,60%
Keine Angabe	6,40%

Frage Nr. 22	9.Kl HS	9.KL RS	9.KL Gym	12.Kl Gym
Weniger Ausdauer	59,30%	50,00%	20,00%	60,00%
Raucherhusten	25,90%	31,25%	10,00%	10,00%
Gelbfärbung der Finger und Zähne	11,10%	18,75%	10,00%	20,00%
Nichts davon	22,20%	31,25%	60,00%	40,00%
Keine Angabe	14,80%	6,25%	0,00%	0,00%

	Gesamt
Weniger Ausdauer	50,80%
Raucherhusten	22,20%
Gelbfärbung der Finger und Zähne	14,30%
Nichts davon	33,30%
Keine Angabe	7,90%

8. Suchtprävention und ihre Maßnahmen

Frage Nr. 8				
Sprüche	9. Kl HS	9. Kl RS	9. Kl Gym	12. Kl Gym
Raucher	3,10%	0,00%	0,00%	0,00%
Nichtraucher	3,10%	0,00%	0,00%	0,00%

Fotos	9. Kl HS	9. Kl RS	9. Kl Gym	12. Kl Gym
Raucher	23,10%	17,50%	10,80%	16,00%
Nichtraucher	43,10%	68,40%	73,80%	64,00%
Statistiken	9. Kl HS	9. Kl RS	9. Kl Gym	12. Kl Gym
Raucher	4,60%	8,80%	3,10%	0,00%
Nichtraucher	4,60%	3,50%	7,70%	6,20%
	9. Kl HS	9. Kl RS	9. Kl Gym	12. Kl Gym
Sprüche	6,20%	0,00%	0,00%	0,00%
Fotos	66,20%	85,90%	84,60%	80,00%
Statistiken	9,20%	12,30%	10,80%	6,20%
Keine Angabe	18,40%	1,80%	95,40%	13,80%
	Gesamt			
Sprüche	9,30%			
Fotos	78,90%			
Statistiken	10,10%			
Keine Angabe	1,70%			
Frage Nr. 3	9. Kl HS	9. Kl RS	9. Kl Gym	12. Kl Gym
Ja	50,80%	63,20%	66,20%	60,00%
Nein	47,70%	36,80%	33,80%	38,00%
Keine Angabe	1,50%	0,00%	0,00%	2,00%
Anteil der Raucher/Nichtraucher	Ja	Nein	keine Angabe	
Raucher	22,20%	77,80%	0,00%	
Nichtraucher	73,60%	25,30%	1,10%	
Frage Nr. 4	9. Kl HS	9. Kl RS	9. Kl Gym	12. Kl Gym
Ja	38,50%	57,90%	70,80%	62,00%
Nein	60,00%	42,10%	29,20%	38,00%
Keine Angabe	1,50%	0,00%	0,00%	0,00%
Anteil der Raucher/Nichtraucher	Ja	Nein	keine Angabe	
Raucher	31,70%	68,30%	0,00%	

Nichtraucher	66,10%	33,30%	0,60%	
Frage Nr. 5	Gesamt			
würde häufiger ausgehen	19,00%			
würde seltener ausgehen	9,20%			
würde mein Verhalten nicht ändern	70,50%			
keine Angabe	1,30%			
Anteil der Raucher/Nichtraucher	Raucher	Nichtraucher		
würde häufiger ausgehen	1,50%	25,30%		
würde seltener ausgehen	28,60%	2,30%		
würde mein Verhalten nicht ändern	66,70%	71,80%		
keine Angabe	3,20%	0,60%		
Frage Nr. 7	Gesamt			
sehr gut bis gut	71,70%			
mittelmäßig	26,60%			
eher schlecht	1,70%			
	9. Kl HS	9. Kl RS	9. Kl Gym	12. Kl Gym
sehr gut bis gut	66,20%	64,90%	80,00%	76,00%
mittelmäßig	32,30%	29,80%	20,00%	24,00%
eher schlecht	1,50%	5,30%	0,00%	0,00%
Frage Nr. 6	9. Kl HS	9. Kl RS	9. Kl Gym	12. Kl Gym
Ja	53,80%	29,80%	35,40%	48,00%
Nein	46,20%	70,20%	64,60%	52,00%
Keine Angabe	0,00%	0,00%	0,00%	0,00%
Anteil Raucher/Nichtraucher	Ja	Nein		
Raucher	57,10%	42,90%		
Nichtraucher	36,20%	63,80%		
Vierfeldertafel für die Berechnung des Korrelationskoeffizienten	Raucher	Nichtraucher		
Eltern, die rauchen	36	63	99	
Eltern, die nicht rauchen	27	111	138	
	63	174	n = 237	

Berechnung des Korrelationskoeffizients:	Berechnung von χ^2:			
$r = \frac{(36 * 11 - 63 * 27)}{(\sqrt{99 * 138 * 63 * 174})} = 0,19$	r = 0,19	n = 237	$\chi^2 = (0,19)^2 * 237 = 8,6$	
χ^2- Tabelle				
Irrtumswahrscheinlichkeit p	5,00%	1,00%	0,10%	
χ^2-Werte	3,84	6,64	10,80	
Frage Nr. 26	9. Kl HS	9. Kl RS	9.Kl Gym	12.Kl Gym
Ja	63,00%	37,50%	40,00%	90,00%
Nein	25,90%	56,25%	60,00%	10,00%
Keine Angabe	11,10%	6,25%	0,00%	0,00%
	Gesamt			
Ja	57,10%			
Nein	36,50%			
Keine Angabe	6,40%			